遺體火化概論與實務

Introduction to Cremation and Practice

盧軍、邱達能◎著

黃 序

生從何來、死歸何往，始終是生命兩大初始與終極關懷的課題。慨因人生倏忽暫須臾，宛若「春日才看楊柳綠」，不經意「秋風又見菊花黃」，生命隨即還同九月霜，不敵旭日東昇，一瞬便化爲鏡花水月、指間煙雲。至於死後形神的歸宿，亦是千古以來牽繫著每一個走過死蔭幽谷的靈魂；或直下地獄，或歸昇天堂，或超脫輪迴至極樂世界，抑或是塵歸塵、土歸土的回歸自然。無論形神一元或二元、神滅或不滅的神魂命論，在中西宗教信仰、哲學思維，或是民情風俗中，皆各有著力點，相對於肉身的殯葬方式，也就因時而變、因人而異，或因地制宜，而形成土葬、火葬、水葬、天葬、生態葬（綠色殯葬）等多元的安頓儀式。

其中土葬爲葬禮中採用最爲普遍的儀式。而火葬習俗，溯源史料記載，最早源於石器時代，盛於銅器時期，式微於傳統儒家「身體髮膚，受之父母，不敢毀傷」、以「完屍入土」、「愼終追遠」的主張。爾後火葬僅殘存於少數民族或嚴厲的刑罰中，直至東漢輪迴報應的佛法東漸，火葬風氣再興，迄於宋元時期，幾乎成爲全民性的喪葬習俗。然迨及明朝初年，統治者立於華夷之別，則以「敢有徇習元人焚棄屍骸者，坐以重罪」的嚴令禁止下，火葬風氣逐漸趨弱。期間火化習俗或因政權更迭、宗教信仰、哲學論點、封建意識，抑或是倫理價値的不同而有所變動，雖非普及，卻仍與土葬並行不廢。幾經江水潮起潮落，行諸於當今台灣，更因土地有限、環境保護的亟需，政府與時俱進自九〇年代起積極推動提倡，風行草偃下，火葬再度成爲人生歸宿及本土殯葬文化的新取向。根據內政部統計處統計，台灣火化率至二〇一五年底已提升至96.19%，遠超過大陸火葬比例的53%，高居世界第二，僅次於日本二〇〇八年的99.85%。而與火化相關的生死論述、生命教育、終極關懷等議題，亦如雨後春筍般湧現；生死學研究、專業禮儀、技術人才培育的學術殿堂亦隨之設置，而禮儀師專業證照及認證制度的制定，亦因應而生，「火化」儼然已成二十一世紀的一門顯學。

本校（仁德醫護管理專科學校）亦與時俱進，不但早在二〇〇九年即設置國內唯一以培育殯葬專業人才的「生命關懷事業科」，成爲國內具殯葬專業教育特色典範的學校；亦與時俱新先後設立「死亡體驗教室」、「生命禮儀研發中心」及「遺體重建中心」，藉以協助學生打破生死禁忌，培養其尊重「往者」，亦當撫慰「生者」的生命價值觀，以爲殯葬專業人員的人文根柢；同時藉由產官學合作，吸收業界新知，戮力於殯葬業之改革創新；更配合政府推動現代化殯葬設施及優質化殯葬服務之政策，推展綠色殯葬教育；推而廣之，逐漸將學術觸角延伸至國際殯葬學術文化之交流；期間本校生命關懷事業科邱達能主任除致力殯葬教育，亦將自己對於「綠色殯葬」之專研所得，連同科內鄧明宇、尉遲淦兩位教師關於「殯葬服務的悲傷輔導」與「殯葬生死觀」的研究結果，集結成《生命關懷事業叢書》與《綠色殯葬暨其他論文集》付梓；與火化儀式相關之學術研究，亦占一方鰲頭。

火化儀式目前在台灣幾乎成爲全民性的喪葬習俗，然鮮少學者專家針對火化設備與技術，及火化相關學術理論進行深入有系統的專研，並將之列爲學術殿堂上的教科書，用以化育學子。再者台灣的火葬率雖然遠超過中國，學理研究更勝一籌，然兩岸推行火化政策，各有所重，亦各有所長；於火化設備及技術研發的改革成效上，中國顯然勝過台灣。爰此本校生命關懷事業科邱達能主任爲弭補火化學術領域的缺口，亦鑒於中國在火化設備及技術研發上的優勢，遂邀請擁有民政部技能大師、遺體火化師高級技師、民政行指委殯葬專業指委會副主任、中國殯葬協會海峽兩岸工作委員會和殯葬文化遺產委員會副主任等豐富資歷，及多元實務經驗與文化變遷體驗的中國學者盧軍教授，跨海偕手完成《遺體火化概論與實務》一書。

本書分爲上下兩篇，上篇爲「概論篇」，由本校邱達能主任執筆，主要著重火化觀念與政策的實施、火化政策推動的成效做一探討。下篇

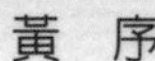

爲「實務篇」，由盧軍教授主筆，主針對中國現行火化相關設備與技術操作程序、維護，及火化安全與環保等議題做出專業論述。前者主火化理論層面，亦分析其優缺及未來的展望；後者則著重火化技術層面，兼及節能環保之新論。讀者研讀此書將可掌握火化殯葬的觀念與實務的全貌與精義。本人深信《遺體火化概論與實務》此書，不但能成爲未來火化學術殿堂的基石，亦能開啓火化在學術界新的研究視野，是爲之序。

仁德醫護管理專科學校校長

黃柏翔　謹識

2017年12月24日

盧 序

隨著科技進步，火化機技術得到了迅速提升，爲了滿足殯葬行業的發展及遺體火化師從業需求，受邱達能老師之邀請，一起合作編寫了本書，實感欣慰。

本書中火化機實務部分，是本人根據中國火化機技術的發展及長期實踐經驗總結編寫而成，在編寫過程中力求突出「理論與實踐相結合」。本書以滿足遺體火化師工作爲主線，突出火化機的原理與結構等內容，並結合綠色殯葬的發展，增設了火化機節能、環保和安全防護等知識，讓知識與技能相融通。在知識學習上除了盡可能深入淺出、通俗易懂外，特別爲每個知識點都安排了詳細的例子說明，並全面、系統地介紹了火化機在操作、維護與維護等方面的技術，使知識學習與技能養成相互融通。

本書編寫過程中，得到了長沙民政職業技術學院殯儀學院的全力支持。殯儀學院創建於一九九五年，是中國最早開辦現代殯儀技術與管理專業的院校，是中國國家高職示範院校重點專業。現有殯儀服務、殯儀設備、防腐整容、陵園設計與管理等四個專業，是目前中國開設殯葬專業最全、培養人數最多、影響力最大的院校。殯儀學院的開辦填補了殯葬職業教育的空白，爲社會培養了非常多的優秀畢業生，被業界譽爲中國殯葬教育的「黃埔軍校」。

在本書編寫過程中，還得到了台灣仁德醫護管理專科學校、江西南方環保機械製造總公司、長沙民政職業技術學院殯儀學院設備教研室等單位，以及北京宋宏升老師、廣州董福勝工程師、秦皇島姜東明副總經理、台灣邱達能老師等單位與個人的支援，他們在本書編寫過程中提出了許多寶貴的意見和建議，本人對上述單位和個人，一併表示衷心的感謝！

由於自身水準有限，書中難免有錯誤和不妥之處，敬請讀者批評指正。

盧軍　謹識

2018年4月於湖南長沙

邱 序

對今天的人而言，遺體採取火化的做法似乎是一件很自然的事情。但是，只要深入瞭解遺體火化歷史的人，就會知道遺體火化並不是那麼容易就被接納的。實際上，遺體火化之被接納其實是經歷一段煞費苦心的過程。爲了讓大家能夠瞭解這個過程，也爲了讓大家知道這個過程的不容易，能夠更加珍惜這樣的成果，才有了這本書的出現。

不過，在構思如何撰寫這本書的時候，我們遭遇了一些困難。最初，由於過去都沒有類似的教科書，所以我們也不知道該如何著手。後來，在經過一番訪查與思慮後，我們發現大陸那一邊的民政職業技術學院曾經開設過類似的課程。於是，想到類似的課程應該會有教科書的撰寫，遂產生直接參考使用的構想。可是，經過進一步的思慮後，發現這樣的想法雖好，卻不完全能夠滿足我們的需求。因爲，大陸那一邊的教科書，主要以技術操作與原理說明爲主，對於爲什麼會出現遺體火化的做法的相關背景和政策，並沒有太多的著墨。但是，對我們而言，這樣的說明卻是必要的。如果欠缺這樣的說明，那麼一般人就不會瞭解遺體處理的方式，爲什麼要從土葬的掩埋改成塔葬的火化。

此外，這種相關背景和政策的說明還牽涉到學生學習的問題。如果只是技術性的學習，那麼學生就會變成只是技術的操作者，難以瞭解這種操作所具有的意義成分。可是，對一位專業的服務者，他不僅要有技術的能力，也要有知識的能力。唯有在技術與知識兼備的情況下，他的服務才能臻於專業的極致。所以，基於課程本身的需要，我們考慮相關背景與政策說明的加入。

就是這樣的構想，這本教科書才會以現在這樣的面貌出現：一方面有台灣的相關背景與政策的說明，這一部分由本人負責撰寫；一方面有技術操作與原理的說明，這一部分由盧軍教授負責撰寫。在彼此的分工

合作下，台灣終於有了火化觀念與實務方面的教科書。雖然這本教科書的撰寫，只是相關領域的一個小小的開始，卻是未來進一步開展很重要的一個開端。

最後，我們除了要感謝中國湖南長沙民政職業技術學院殯儀學院盧軍院長的同意配合，還要感謝教育部技優計畫的經費補助，以及揚智文化事業股份有限公司編輯部分的辛勞，尤其是本校黃柏翔校長殷殷切切、持續不斷的鼓勵與支持，這本教科書才能在預定的時間內如期付梓，在此一併致謝！

邱達能 謹識

目　錄

實務篇 57

概論篇

第一章

火化政策的提出

本章重點

1.瞭解土葬的背景及所產生的問題

2.瞭解火化政策提出的原因

第一節　土葬的背景

對一個人而言，如果他對於事情的認知僅止於事實的現在，那麼他所能瞭解的，也只是事情的表面眞相。如果他不希望對於事情的瞭解僅止於表面的眞相，那麼他就不能只停留在事實的現在，相反地，他必須超越事實的現在，回到事實的過去。換句話說，他必須從事實的現在回溯到事實的過去。因爲，如果沒有事實的過去先在地出現，那麼事實的現在也就不會存在。所以，對一件事情的瞭解，我們如果希望深入，那麼就不能只停留在事實的現在，而必須回到更早的過去。

同樣地，在瞭解今日的火化政策之前，我們有必要先瞭解過去的土葬背景。那麼，對於土葬的背景，我們要瞭解到多麼早的過去？如果我們瞭解得不夠早，那麼對於土葬背景的認知就會不夠透徹。這麼一來，我們對於火化政策的瞭解也會隨之變得不夠透徹。在不夠透徹的情況下，我們對於火化政策就會出現不夠周延的判斷。因此，爲了能夠周延判斷火化的政策，我們在瞭解土葬的背景時就必須回到夠早的過去。

可是，說到所謂的夠早，到底要多早才算是夠早？對於這個問題，我們需要更進一步的探討。如果沒有經過更進一步的探討，我們可能會認爲這樣已經夠早，只要回溯到早期的台灣就可以。因爲，對我們而言，我們現在存在的社會就是台灣的社會。所以，在身居台灣社會的情況下，我們自然會把台灣當成追溯原因的範圍，認爲早期的台灣就是土葬出現的夠早背景。不過，這樣的追溯就夠了嗎？早期的台灣是否就足以說明土葬的背景？

如果不經過更進一步的追問，說眞的，我們可能會把早期的台灣當成土葬夠早的背景。問題是，一旦追問的結果，我們就會發現早期的台灣並不是自給自足的。也就是說，這樣的土葬作爲其實是有更早的過去。那麼，這樣的過去是怎樣的過去？就我們所知，這樣的過去就是來自於中國文化的影響。如果不是這樣的影響，那麼台灣的土葬也就不會出現現有的面貌。因此，如果我們要追溯到夠早的過去，那麼這樣的追溯就必須追溯到中國文化的過去才可以。

現在，我們的問題就變成要追溯到多早的中國文化才叫做夠早的過去？由於我們在瞭解火化的政策時希望能夠透澈瞭解，所以在瞭解土葬背景時也要透澈瞭解。在這種透澈瞭解的要求下，我們在瞭解土葬的背景時，就不能只停留在不夠清楚的過去，而必須回到整個土葬出現的源頭。因爲，只有回到最早的源頭，我們才會清楚爲什麼土葬會成爲中國人對於埋葬的選擇。所以，基於這樣的要求，我們所謂夠早的過去指的就是周公制禮作樂的過去[1]。

那麼，周公當年在制禮作樂時，爲什麼要把土葬當成埋葬的主要作法？對於這個問題，如果我們只從周公本身尋找解答，那麼可能就很難找到相應的答案。因爲，一方面固然是由於周公本身並沒有提供什麼樣的解答，另一方面就算周公有提供過什麼樣的解答，這樣的解答在今天所留存的文獻中也找不到。所以，在這種情況下，我們很難有一個確切的答案。

這麼說來，我們是否就找不到答案了？其實，情況也沒有那麼悲觀。因爲對於土葬的作法，後來的儒家有提供過一個相關的解釋。雖然我們無法判斷這樣的解釋是否就是周公的原意，但是除了這個解釋以外，我們很難找到一個比較相應的解釋。由此，在找不到其他解釋的情況下，我們也只有透過這樣的解釋，來瞭解周公當年爲什麼採取土葬作爲埋葬主要作法的理由。

基於這樣的認知，我們進一步瞭解儒家的解釋。那麼，儒家是怎麼解釋的？從相關文獻的探尋，我們知道這樣的解釋來自孟子的說法。對孟子而言，人之所以知道要葬其親，不是一開始就知道的，而是經過一

[1]尉遲淦著（2017）。《殯葬生死觀》。新北市：揚智文化事業股份有限公司，頁151-152。

段時間的演變。經過這段時間的演變之後，有一天人發現這種不葬其親的作法是不對的，就這樣人開始採取葬其親的作法。根據這樣的說法，人之所以知道葬其親是不忍人之心發用的結果。如果不是不忍人之心的發用，那麼這種葬其親的作法就不會出現。由此可見，土葬的出現是來自道德心作用的結果。

以下，爲了更清楚瞭解孟子的說法，我們引用《孟子》〈滕文公上〉的論述：「蓋上世嘗有不葬其親者，其親死，則舉而委之於壑。他日過之，狐狸食之，蠅蚋姑嘬之；其顙有泚，睨而不視。夫泚也，非爲人泚，中心達於面目。蓋歸反虆梩而掩之。掩之誠是也，則孝子仁人之掩其親，亦必有道矣。[2]」根據這樣的論述，我們知道人子之所以不忍心，是不忍親人的遺體受到狐狸和蠅蚋的傷害。爲了避免親人的遺體繼續受到狐狸和蠅蚋的傷害，他唯一能夠做的事情就是採取土葬的作法來保護親人的遺體。

可是，爲什麼採取土葬的作法就可以保護親人的遺體？對於這個問題，如果我們從遺體腐朽的現實出發，那麼就很難瞭解儒家採取土葬作法的意義。因爲，根據遺體腐朽的現實，無論我們再怎麼保護親人的遺體，親人的遺體最終還是要腐朽的，只是腐朽的際遇不太一樣而已。正如莊子所說那樣，無論在上或在下，人都無法避免遺體受傷害的結果。既然如此，那麼我們又何必厚此薄彼，應該平等對待所有的生物才是。

以下，爲了更清楚瞭解莊子的說法，我們引用《莊子》中〈列禦寇篇〉的論述：「莊子將死，弟子欲厚葬之。莊子曰：『吾以天地爲棺槨，以日月爲連璧，星辰爲珠璣，萬物爲齎送。吾葬具豈不備邪？何以加此！』弟子曰：『吾恐烏鳶之食夫子也。』莊子曰：『在上爲烏鳶食，在下爲螻蟻食，奪比與此，何其偏也！』[3]」從這樣的論述中，我們知道古人對於遺體腐朽的知識還是有的，不是完全不瞭解。如果眞是這

[2]謝冰瑩等編譯（1995）。《新譯四書讀本》。台北市：三民書局股份有限公司，頁432。

[3]〔清〕郭慶藩（1961）。《莊子集釋》。北京：中華書局，頁1063。

樣，那麼儒家為什麼還會採取土葬的作法，來解決親人遺體受到傷害的問題，而不採取防腐的作為？

對於這個問題，我們可以有幾個不同的解答：第一個就是儒家對於防腐是沒有概念的；第二個就是儒家對於防腐雖然有概念，但是遺體的保存並不是重點。就第一個解答而言，從中國過去的文獻來看，儒家對於防腐可能是沒有概念的。既然沒有概念，那麼當時的人自然就不會採取防腐的作法。在缺乏防腐知識的情況下，為了保護親人的遺體，唯一能夠做的事情就是採取土葬的作法。

就第二個解答而言，就算當時的人已經有了防腐的概念，儒家對於親人遺體的保護目的不在於讓遺體不朽，所以他們沒有採取防腐的作為。相反地，他們仍然採取土葬的作為。因為土葬的作為一方面可以達到保護親人遺體的效果，一方面又可以讓親人的遺體在土裏產生腐朽的效果。如此一來，我們就可以知道儒家採取土葬的目的不在於讓親人的遺體不朽，而只是藉由土葬的作為實踐自己保護親人遺體的孝心[4]。

那麼，我們下這樣判斷的根據是什麼？表面看來，我們似乎找不到直接的證據。因為從古代的文獻來看，沒有一個文獻是直接針對這個問題作出回答的。既然如此，這是否表示這個問題就沒有答案？實際上，情況並非如此。就我們所知，這個問題雖然沒有直接的答案，卻有間接的答案。一般而言，也就是這個間接的答案，讓我們對於上述的問題有了這樣的解答。那麼，這個間接的答案是什麼？簡單來說，就是《孝經》中的說法和《論語》中的說法。

以下，我們先討論《孝經》中的說法。根據《孝經》〈開宗明義章〉的記載：「仲尼居，曾子侍。子曰：『先王有至德要道，以順天下，民用和睦，上下無怨。汝知之乎？』曾子避席曰：『參不敏，何足以知之？』子曰：『夫孝，德之本也，教之所由生也。復坐，吾語汝。

---

[4]邱達能著（2017）。《綠色殯葬暨其他論文集》。新北市：揚智文化事業股份有限公司，頁52-53。

身體髮膚，受之父母，不敢毀傷，孝之始也。立身行道，揚名於後世，以顯父母，孝之終也。夫孝，始於事親，中於事君，終於立身。』[5]」我們發現與上述保護親人遺體有關的論述，就是「身體髮膚，受之父母，不敢毀傷，孝之始也」這一段的說法。

根據這一段的說法，我們對於自己的身體要好好地保護。如果沒有好好地好護，那麼就表示我們沒有善盡孝道。因此，爲了善盡孝道，我們必須好好地保護自己的身體。那麼，爲什麼好好地保護自己的身體就是善盡孝道呢？這是因爲我的身體是來自於父母所賜，既然是父母所賜，那我們就有責任對父母負責。在這種情況下，我們在使用自己的身體時就必須小心謹愼，不能任意毀傷。

對於這種保護自己身體的想法，在《孝經》中當成孝之始。不過，這種孝之始的說法不只適用於生命之始，也適用於生命之終。關於這種生命之終也要好好地保護自己的身體的說法，我們可以在《論語》的〈泰伯篇〉中見到。在《論語》〈泰伯篇〉中，曾子病重，就把弟子找來，告訴弟子說：「啓予足！啓予手！詩云：『戰戰兢兢，如臨深淵，如履薄冰。』而今而後，吾知免夫！小子！[6]」表示曾子在病重臨終時也很在意自己的身體是否保護得很好，認爲這也是善盡孝道的要求之一。由此可見，保護自己的身體不要受到任意的毀傷，不僅是孝之始，也是孝之終。

如果是這樣，那麼這樣的說法和保護親人的遺體有什麼關聯呢？表面看來，似乎沒有什麼關聯。因爲保護自己的身體和保護親人的遺體畢竟是不一樣的。既然不一樣，那麼爲什麼我們還要認爲這樣的說法是一種間接的證據？這是因爲保護自己的身體和保護親人的遺體雖然不一樣，但是保護的心是一樣的。也就是說，保護的心是一種善盡孝道的表現。對父母而言，他們也必須好好地保護他們自己的身體。當他們死了

---

[5]李學勤主編（1992）。《孝經注疏》。北京：北京大學出版社，頁42～44。
[6]同註2，頁148。

以後，不再有能力保護自己的身體，這時身為子女的我們就有責任代替父母保護好他們的身體。就是這種代替保護的責任，讓我們很在意父母死後他們的遺體有沒有得到妥善的保存。為了能夠妥善保存父母的遺體，避免父母遺體受到不必要的傷害，遂出現了土葬的作為。

那麼，在周公確定土葬的作為之後，中國人在埋葬的處理上是否就一直跟隨周公的腳步到現在？揆諸歷史，我們發現情況不見得全然都是這樣。實際上，在土葬的演變史中是有一些波折的。一般而言，有兩種情況對土葬的作法是有妨礙的：第一種情況就是百姓窮困的時候，第二種情況就是土地不夠使用的時候[7]。當第一種情況發生時，由於土葬需要花比較多的錢，而百姓在生活都不見得活得下去時，這時自然就沒有餘力把錢花在親人的喪葬費用上，只好選擇土葬以外的葬法。當第二種情況發生時，由於土葬需要用到土地，但一般百姓並沒有自己的土地，所以在無地可找的情況下，他們在處理親人的喪葬時，只好選擇土葬以外的葬法。在此，無論是第一種情況或第二種情況，百姓雖然很想善盡孝道，但在沒有能力的情況下，也只好放棄土葬，採行其他的葬法。

為了具體瞭解這樣的情況，我們以宋朝為例說明[8]。根據《宋史》記載，在南宋紹興二十七年，曾有大臣上奏批評當時民間火化的情形，他說：「今民俗有所謂火化者，生則奉養之具唯恐不至，死則燔爇而捐棄之，何獨厚於生而薄於死乎？甚者焚而置之水中，識者見之動心。……河東地狹人衆，雖至親之喪，悉皆焚棄。……方今火葬之慘，日益熾甚，事關風化，理宜禁止。」雖然如此，他也深知貧窮百姓沒有能力找到葬親之地，於是建議各州縣設立義地，以便貧窮百姓可以葬其親人。隔年，又有大臣上奏有關民間之所以採用火化的難處，建議應有的處置方法。首先，他說：「吳越之俗，葬送費廣，必積累而後辦。至於貧下之家，送終之具，唯務從簡，是以從來率以火化為便，相習成風，勢難

7 王夫子著（1998）。《殯葬文化學——死亡文化的全方位解讀》。北京：中國社會出版社，頁553。

8 同註7，頁552。

遽革」，表示土葬費用過高是個問題，不是一般百姓所能負擔的。其次，他又說：「既葬埋未有處所，而行火化之禁，恐非人情所安」，表示官府找地設置義地都不容易，更不要說一般的百姓，在這種情況下要禁止火化就太不通人情了。因此，他建議說：「除富豪士族申嚴禁止外，貧下之民並客旅遠方之人，若有死亡，姑從其便。」

從上述的探討可知，中國人過去原則上是以土葬爲主，但在條件不具足的情況下，仍有採用其他葬法的可能。當然，這樣說的意思不是說百姓之所以採用火化都只是經濟與土地因素的考量。實際上，如果沒有佛教的傳入與盛行在先，那麼中國人在處理親人喪事時就不可能採取這樣的作爲。所以，除了經濟與土地的因素以外，佛教也是一個很重要的因素[9]。雖然如此，在儒家孝道的影響下，火化的葬法還是受到相當程度的抑制，除了少數的例外，大多數的百姓在條件許可的情況下，仍然習慣採行土葬的作法，認爲這樣的作法才能滿足善盡孝道的要求。

第二節　問題的產生

不過，這種情形到了清末民初開始有了初步的轉變。在西風東漸的影響下，中國受到西方列強侵略的結果，逐漸喪失民族的自信心，開始批判傳統的文化，認爲今日中國之所以會被列強侵略，是來自於傳統文化的落後。如果不是傳統文化的落後，那麼中國是不會受到列強侵略的。所以，爲了發憤圖強、救國救民的需要，我們需要對傳統文化進行徹底的批判[10]。其中，尤其是與傳統文化有關的土葬作法，更需要詳加檢討。

根據他們檢討的結果，他們認爲土葬的作法是很不科學的。因爲，

---

[9] 同註7，頁556-557。

[10] 陳高華、徐吉軍主編（2012）。《中國風俗通史——民國卷》。上海：上海文藝出版社，頁430。

土葬強調風水的重要，認爲好的風水對後代子孫的禍福具有決定性的影響。如果埋葬祖先的風水不好，那麼後代子孫的際遇就不會好。如果埋葬祖先的風水很好，那麼後代子孫的際遇就會很好。因此，爲了讓後代子孫能夠享有比較好的際遇，我們在埋葬祖先時就必須選擇好的風水。對他們而言，這種風水決定禍福的觀點是一種極端違反科學的觀點，是一種需要批判的迷信看法。

那麼他們爲什麼會有這種想法？這是因爲他們認爲風水的說法在經驗上是無法證實的。如果風水之說這麼管用，那麼他們首先就應該用在自己身上，爲什麼要用在別人身上，爲別人謀福利？從這一點來看，他們自己就不太相信風水的可靠性。其次，從經驗的角度來看，有的人選擇了好的風水，但是後代並沒有因此享受更好的福報；有的人雖然沒有好的風水，但是後代並沒有因此過得比較不好。由此可知，風水的好壞和後代子孫是否享有好的福報，彼此之間顯然是沒有因果關係的。既然如此，那麼我們就不應該相信風水的說法[11]。

在破除了風水的迷信以後，我們進一步就會看到它對環境維護的效應。過去在風水之說盛行的時候，我們在埋葬親人的遺體時就會選擇好的風水，而好的風水通常都在名山大川，因此對於周遭的環境常常容易帶來水土保持的問題和景觀破壞的問題。現在，如果我們可以不再理會風水的說法，那麼在沒有水土保持的問題和景觀破壞的問題的情況下，環境自然可以獲得很好的維護效果。所以，在此我們可以下一個判斷，就是風水是環境維護的殺手。

儘管有了上述的批判，彷彿一夕之間中國人對於風水的迷信就要銷聲匿跡。可是，由於風水的觀念是屬於傳統禁忌的一環，所以要破除並沒有表面看得那麼簡單。後來隨著政治的動盪與戰爭的爆發，這種改變傳統風水觀念的作法雖然持續在進行，但是效果並沒有那麼顯著。其中牽扯的因素十分複雜，最主要的是與個人的利益有關。因此，在個人

---

[11] 同註10，頁434-436。

利益問題解決之前，要想改變這樣的風水迷信幾乎是不可能的。雖然如此，並不表示這樣的改變就完全沒有機會。實際上，要出現這樣的改變是需要有相關的條件配合。只要這樣的條件出現，那麼這種改變也就自然水到渠成。

那麼這種改變要到什麼時候才會出現？就我們所知，這種改變的出現是在政府播遷來台以後。初期，台灣的民間仍然維持過去傳統的作法，認爲找到一塊好的風水寶地對於孝道的實踐是很重要的，因爲唯有如此才能維持家族的興盛。可是，在客觀環境的改變下，台灣的社會逐漸從農業社會進入工商社會。當社會進入工商社會以後，人們對於環境開始有了較高的要求，認爲不好的環境代表的是落後的象徵，而好的環境則代表進步的象徵。爲了滿足進步文明的要求，社會不能再允許雜亂環境的存在。這時，政府出現了公墓公園化的政策，希望藉由這個政策，改善公墓混亂的情形[12]。

現在，爲了更具體地瞭解當時的情形，我們進一步說明如下：第一，這些公墓的歷史都相當久遠，是先民爲了親人死後埋葬的需要自然形成的；第二，這些公墓裏面的墳墓在埋葬的時候都沒有一定的方位與大小，一切都是根據亡者與家屬當時的需求與經濟狀況而定，結果有的時候甚至於造成疊葬的惡果；第三，對於富有的人家，爲了尋找更好的風水寶地，有的時候根本就不管這個地方是否適合埋葬，就依照自己的需要，把這個地方當成墳地加以埋葬；第四、由於這些公墓都是私人爲了埋葬需要所自然形成的，所以在缺乏管理的情況下，不是到處荒煙蔓草，就是令人覺得陰森恐怖。

對於這種公墓的亂象，洪德旋在《台灣省改善喪葬設施實錄》中曾經做過檢討，他認爲這種公墓擁有的共同缺點是：「(1)大多設置年代久遠，密埋疊葬，致新葬無地。(2)公墓塋塚雜亂，蔓草叢生，掃墓祭拜諸

---

[12]黃有志主持（1998）。《殯葬設施公辦民營化可行性之研究》。台北市：內政部民政司，頁11。

多不便且感覺陰森恐怖。(3)缺乏整體規劃，土地無法合理有效運用。(4)公墓外濫葬情形嚴重。[13]」

根據這樣的檢討，我們認爲公墓公園化的政策只解決了部分的問題。其中，「公墓塋塚雜亂，蔓草叢生，掃墓祭拜諸多不便且感覺陰森恐怖」的問題就是一個例子。對過去的公墓而言，由於沒有規劃設計，所以塋塚自然會顯得雜亂。現在，在公墓公園化的規劃設計下，塋塚自然會顯得井然有序。同樣地，過去的公墓之所以蔓草叢生，是因爲缺乏管理。現在，在公墓公園化的政策下，有專人管理，所以塋塚自然不會蔓草叢生。經過上述的規劃設計和管理，公墓自然不會再顯得陰森恐怖，而會井然有序、綠意盎然，一掃過去陰森恐怖的感覺。

不過，只有公墓公園化的規劃設計與管理並不夠。因爲，這樣的規劃設計與管理所針對的只是現有公墓的整理，至於「新葬無地」的問題，就不見得是這樣的整理所必然可以解決的。除非經過這樣的整理以後，原有的公墓仍然還有剩餘的土地，否則要解決新葬用地的問題，就必須尋找其他的方法。也就是說，在原有公墓之外再設立新的公墓來解決問題。

此外，有關「公墓外濫葬」的問題也不是公墓公園化政策所能解決的。之所以如此，是因爲公墓公園化政策所處理的問題是與公墓內部的規劃設計與管理有關的問題，對於公墓以外的問題就不在它的處理範圍之中。此時，如果我們要求它也一併要予以處理，那麼就顯得這樣的要求太強人所難。所以，如果我們要處理公墓外的濫葬問題，就必須尋求其他的方法。

基於上述公墓公園化政策的不足，到了一九八三年，由政府正式制定「墳墓設置管理條例」，經立法院審議通過總統明令公布實施，設法解決上述的問題。到了一九八六年，更進一步制定「墳墓設置管理條例

[13]洪德旋（1992）。《台灣省改善喪葬設施實錄》。南投：台灣省政府社會處，頁6。

施行細則」補充相關規定。整體而言，這個條例有三個重點：第一個重點就是限制墳墓設置的地點；第二個重點就是限制墳墓使用的面積；第三個重點就是遷移不符合土地利用效益的墳墓（合法設置者）以及不合法設置的墳墓（所謂的濫葬）[14]。

就第一個重點而言，「墳墓設置管理條例」爲什麼要對墳墓設置地點加以限制？這是因爲如果不對墳墓設置地點加以限制，那麼任何人想把墳墓設置在哪裏就無法可管。這麼一來，在沒有任何限制的情況下，所有的人都可以按照自己的需要任意設置墳墓。結果不但破壞環境景觀，也會造成濫葬的惡果。所以，爲了避免破壞環境景觀，也爲了避免濫葬的惡果，「墳墓設置管理條例」才會針對墳墓設置的地點加以限制。

就第二個重點而言，「墳墓設置管理條例」爲什麼要對墳墓使用面積加以限制？這是因爲如果不對墳墓使用面積加以限制，那麼任何人想要設置多大面積的墳墓就無法可管。這麼一來，在沒有任何限制的情況下，所有的人都可以按照自己的需要設置自己認爲夠大的墳墓。結果不但造成景觀上的不一致，也會造成土地利用上的浪費。所以，爲了避免景觀上的不一致，也爲了避免土地利用上的浪費，「墳墓設置管理條例」才會針對墳墓設置的面積加以限制。

就第三個重點而言，「墳墓設置管理條例」爲什麼要對不符合土地利用效益的墳墓以及不合法設置的墳墓加以遷移？其中，主要的理由是如果不對不符合土地利用效益的墳墓以及不合法設置的墳墓加以遷移，那麼對任何人曾經設置過的墳墓就無法可管。這麼一來，在沒有任何遷移的情況下，原有設置的墳墓就可以繼續存在。結果不但破壞環境景觀，也會影響土地利用的效益。所以，爲了避免破壞環境景觀，也爲了避免影響土地利用的效益，「墳墓設置管理條例」才會針對不符合土地

---

[14] 莊英章主持（1990）。《從喪葬禮俗探討改善喪葬設施之道》。台北市：行政院研究發展考核委員會，頁58。

利用效益的墳墓以及不合法設置的墳墓加以遷移。

經過上述「墳墓設置管理條例」的規範，原有土葬所產生的問題大致上都獲得了解決。既已解決，那就表示土葬不再是有問題的埋葬方式。這麼一來，在台灣，土葬不但可以成爲合法的葬法，也可以成爲正式的主流葬法。問題是，在土葬被肯定後沒幾年，到了一九八六年的「墳墓設置管理條例施行細則」，我們就嗅到了另外一種轉向，也就是往火化方向的轉向。這是否表示土葬並不像原先所想那樣沒有問題？實際上，它的沒有問題是要有條件配合的。一旦配合的條件改變了，這樣的沒有問題自然就會逐漸成爲問題。這就是爲什麼在一九八三年提出「墳墓設置管理條例」以後不久的一九八六年，就會在「墳墓設置管理條例實行細則」中嗅到火化轉向的原因所在。

第三節　火化政策的提出

那麼，這些配合的條件是什麼？爲什麼在這些條件出現的時候埋葬政策就要從土葬轉向火化？初步來看，這樣的改變似乎和社會型態的轉換有關。在土葬的年代，社會型態是農業的型態，到了火化的年代，社會型態轉換成工商的型態。那麼，爲什麼社會型態變了，埋葬的政策就要跟著轉變？如果不跟著轉變，是否就一定不可以？對於這個問題，需要有進一步的說明。

表面看來，埋葬政策似乎可以和社會的型態脫鉤。因爲，埋葬是和死亡有關的事情。無論社會再怎麼變，埋葬的事情總是需要的。既然如此，那就表示埋葬的事情可以不用隨著社會型態的改變而改變，它是超越社會變遷的影響。理論上來說，答案似乎是如此。可是，我們不要忘了，埋葬不是在社會之外的存在，它是存在在社會之中。只要它是屬於社會之中的存在，那麼它的存在就不得不和社會連動，絕對不可能完全不受到社會的影響。

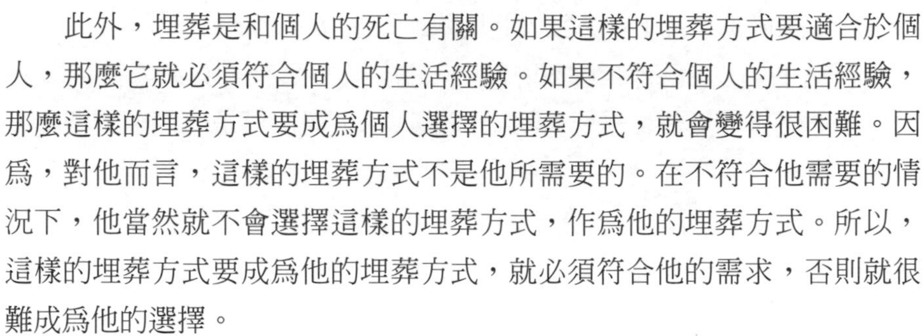

此外，埋葬是和個人的死亡有關。如果這樣的埋葬方式要適合於個人，那麼它就必須符合個人的生活經驗。如果不符合個人的生活經驗，那麼這樣的埋葬方式要成爲個人選擇的埋葬方式，就會變得很困難。因爲，對他而言，這樣的埋葬方式不是他所需要的。在不符合他需要的情況下，他當然就不會選擇這樣的埋葬方式，作爲他的埋葬方式。所以，這樣的埋葬方式要成爲他的埋葬方式，就必須符合他的需求，否則就很難成爲他的選擇。

由此可知，一種埋葬方式是否會被接納，就要看它是否符合當事人的需求。既然如此，那就表示埋葬方式能夠超越社會型態的說法只是一種表面的說法。實際上，只要深入瞭解，就會發現埋葬方式是不可能脫離社會型態的。唯有當它符合社會型態時，這樣的埋葬方式才有可能被該社會的人所接受。因爲，這樣的埋葬方式是和這個社會的人相應的，可以爲他們解決死亡所產生的埋葬問題。

在確認埋葬方式是會和社會的型態有關，而不可能和社會的型態無關之後，我們進一步探討這樣的關聯性。就農業社會而言，它所強調的是社會和自然的和諧關係。如果關係不和諧，那麼社會的發展就會受到阻礙。如果關係和諧，那麼社會的發展就會很順利。因此，社會發展的順不順利，就要看它和自然的關係和諧不和諧。

那麼，社會要怎麼做才能和自然的關係和諧？在此，最簡單的作法就是配合自然的脈動。由於自然不是沒有秩序的盲動，所以它的活動都有一定的秩序。這時，如果要與自然取得和諧的關係，那麼這樣的作爲就必須配合自然的脈動。如果沒有配合自然的脈動，那麼這樣的作爲就會失去與自然和諧的可能。所以，如何掌握自然的脈動、配合這樣的脈動，就成爲社會是否能夠和自然產生和諧關係的關鍵。

基於這樣的要求，農業社會的人們就會依照自然的規律而動。例如植物的生長有一定的周期，它必須配合天時才能逐漸成熟。這時，人如果要利用這樣的植物維持自己的生計，那麼他就必須配合這樣的周期與天時，形成春耕、夏作、秋收、冬藏的規律。如果他沒有依據這樣的

規律而動，那麼生活所需要獲得滿足就會變得很困難。如果他確實依據這樣的規律而動，那麼生活所需要獲得滿足就會變得比較容易。由此可見，他的生活所需是否能夠獲得滿足，關鍵就在於他的行動是否依據這樣的規律而定。

同樣地，當死亡來臨時，他發現在死亡問題的處理上也存在著類似的規律。正如植物的生長有一定的周期，植物的死亡也有一定的去處，這個去處就是對於大地的回歸。對人而言，這樣的回歸就是自然啓發給人的規律。如果人死亡時要死得安心，那麼他就必須像植物那樣回歸大地。如果人死亡時沒有回歸大地，那麼他就無法死得安心。所以，爲了死得安心，人在死亡時遂採取土葬的作法，作爲回歸大地的一種象徵[15]。

不過，工商社會就不一樣了，它對於自然的態度就和農業社會完全不同。對工商社會而言，它所強調的不是要和自然如何和諧，而是利用自然。在利用的心態下，自然只是一個必須被開發的對象。既然是被開發的對象，那麼要如何開發的決定權就不在自然身上，而在身爲開發者的人的身上。因此，人要怎麼開發自然就不必管自然本身的狀態，只要管人本身的需要即可。如此一來，人和自然不再是和諧的關係，而是對立的關係。

基於這樣的要求，工商社會的人們就會根據自己的需要而動。例如植物的生長雖有一定的周期，也有一定的天時要配合，但人們可以按照自己的需要改變這樣的周期和天時。這時，人要維持自己的生計就不一定要看自然的規律，而可以按照自己的生物科技程度。只要人的生物科技程度夠高，那麼人要怎麼改變植物的成長周期和天時都可以。除非人的生物科技程度不夠高，否則沒有改變不了的自然。由此可見，人是可以依照自己的需要改變自然的。

同樣地，當死亡來臨時，他發現在死亡問題的處理上，不見得就要像自然規律所啓發那樣，而是根據自己的需求。對他而言，如果回歸大

---

[15]同註7，頁557-558。

地的作法比較能夠滿足人的需求，那麼這種作法就會被大家所接受。相反地，如果回歸大地的作法不見得能夠滿足人的需求，那麼這種作法就不會被大家所接納。所以，回歸大地的作法是否會被接納，就要看它是否能夠滿足大家的需求。

那麼，對工商社會而言，哪一種作法比較會被大家所接納？在此，它有一個判斷的標準，就是哪一種作法比較能夠滿足大家的利益需要。對工商社會的人們而言，利益是很重要的事情。一個人如果可以獲得很大的利益，那麼他要在這個社會中生存得好就會很容易。如果他沒有辦法獲得很大的利益，那麼他要在這個社會中生存得好就會比較不容易。所以，一個人是否可以在這個社會中生存得好，就要看他是否可以獲得比較大的利益。

站在利益的立場上，現在我們進一步省思回歸大地的土葬作法。表面看來，土葬作法對個人比較有利。因為，個人可以基於風水的角度，選擇比較好的風水來庇蔭自己的家人。可是，上述的批判已經告訴我們，這樣的利益是不可靠的。實際上，一個人的禍福是和土葬的風水沒有關係的。既然如此，那麼土葬的作法是否還對個人有利，對這個問題，需要我們進一步探討。

由於土葬作法需要用到土地，因此土地的利用價值就成為討論的焦點。過去，受到風水的影響，人們誤以為土地做為土葬用地，要比土地作為生活用地要來得有價值。所以，土地寧可拿來土葬死人，也不要拿來供給活人使用。可是，在打破風水迷信以後，土地拿來給死人使用的想法就變成一種浪費。因為，死人使用之後這一塊地就不能再拿來給別人使用。相反地，活人的用地是可以拿來不斷輪流使用。就算這一塊地曾經有人用過，人們依舊可以拿來使用沒有問題。

更重要的是，死人使用過的土地是不會增值的，它唯一的價值就在賣出的那一刻，那一刻以後就不再有價值。相反地，活人用地是會增值的，它會隨著社會的發展而增值。當社會越發達，這塊土地就越值錢。當社會越不發達，這塊土地就越不值錢。所以，活人用地值不值錢的關

鍵就在社會的發展。由此可知，土地與其給死人使用倒不如給活人使用。

基於這樣的思考，我們發現採取土葬的作法只會讓土地的利用價值下降。如果我們希望土地的利用價值升高，那麼除了要不斷發達社會之外，還有不要把土地拿來土葬死人。爲了達到這個目的，我們必須改變過去的土葬作法，讓新的葬法可以把土葬用地降到最低。那麼，要怎麼在最短的時間裏大量降低土葬用地？對當時的政府而言，他們唯一能夠想到的就是火化政策。因爲，火化之後透過進塔措施的配套，每一個單位面積的使用率，在縮小化與立體化的幫助下可以增加數百倍之鉅，無形中減少大量的土葬用地。如此一來，在土葬用地不再需要用到那麼多的情況下，多出來的土地自然可以滿足工商社會對於都市發展用地的需求。

當然，在此會產生一個疑問，就是土葬用地不是在「墳墓設置管理條例」與「施行細則」的規定下已經有了具體的解決，爲什麼還會出現都市發展用地不足的問題？對此，需要我們進一步的瞭解。就「墳墓設置管理條例」與「施行細則」的規定而言，它用的解決策略有三個：第一個就是墓基的面積限制，每一個墓基不得超過十六平方公尺；第二個就是輪葬的作法，每一個墓基都必須輪葬；第三個就是起掘與遷葬的作法，每一個墓基在必要時都可以起掘與遷葬[16]。以下，我們分別敘述。

就第一個策略而言，墓基面積的規定有助於土葬用地的限定。在過去，最初對墓基的面積是沒有規定的。所以，在使用時依個人狀況而定，有的很大，有的很小。但無論是大或小，整體而言，所使用的土地並沒有太少。現在，在十六平方公尺的限制下，無形中讓土葬用地縮小了不少。雖然如此，在死亡人數不斷增加的情況下，土葬的用地整體來看還是不少，自然很容易就會擠壓到都市發展所需要的用地。所以，爲了避免死人與活人爭地，我們還是需要改變土葬的作法，把更多的土地

[16]同註12，頁25-26。

拿來給活人用。

就第二個策略而言，輪葬的作法有助於降低土葬用地的壓力。過去，在輪葬作法提出來之前，每一個埋葬都需要用到一塊土地，而這塊土地在經過這個人使用後，就沒有人會再進一步使用。這麼一來，這塊土地的使用率就很低。在這種情況下，每個亡者都使用一塊土地，無形中就會擠壓到都市發展的土地用地需求。因此，輪葬作法的提出可以活化土地的使用率，讓一塊土地可以供給更多的亡者使用。本來，這樣的作法是有助於都市發展用地需求的壓力。但是，由於輪葬的時間甚長，每一次輪葬間隔長達六年以上，對於都市用地需求的壓力紓解，其實並沒有太大的效果。

就第三個策略而言，起掘與遷葬的作法有助於土葬用地的減少。過去，在起掘與遷葬的作法還沒有提出來前，一般埋葬是埋葬了就埋葬了，沒有起掘與遷葬的可能。通常會起掘和遷葬，主要是家運出了問題才會採取這樣的作法。現在，有了起掘與遷葬的作法，只要政府基於公共建設的需要，就可以對現有的墳墓進行起掘與遷葬的作爲。如此一來，自然可以爲都市發展的需要增加一些用地。但這樣的作法也沒有表面看到的那麼容易，容易遭受民衆抗拒的阻力。此外，就算民衆配合，要讓這樣的作法完全滿足都市發展用地的需求也不可能。所以，在上述三個策略都沒有辦法滿足都市發展用地需求的預估下，政府決定提出更有效的火化政策作爲解決問題的方法。

第二章

火化政策推動的成效

本章重點

1.瞭解火化政策推動前和推動後的情形

2.瞭解火化政策的新轉向

第一節　推動前的火化情形

經由上述的探討，我們知道火化政策的提出是爲了解決土葬所產生的土地利用問題。今天，如果不是都市發展的需要，那麼對於土地的利用就不會產生排擠的效應，自然也就沒有死人與活人爭地的問題。現在，既然產生了這樣的問題，那就表示土地利用有了競合的關係，需要進一步的解決。那麼，火化的政策是否眞的可以解決上述的問題，需要我們進一步的瞭解。

表面看來，這樣的解決應該沒有問題才對。如果有問題，那麼政府就不會提出火化的政策。現在，既然提出了火化的政策，那就表示這樣的政策應該是有能力化解問題的。可是，我們怎麼確認這樣的能力？如果沒有一些具體的事實，那麼我們很難產生具有說服力的證據。爲了能夠產生具有說服力的證據，我們需要透過一些比較的說法，讓這樣政策的效力在彼此對照之中顯示出來。以下，我們先討論火化政策推動前的情形。

在此，我們有一個問題先要處理，就是所謂的火化政策推動之前的前要怎麼界定？如果我們沒有界定清楚，那麼這個火化政策推動之前的前就沒有辦法給予合理的說明。如果我們不希望這樣，希望能夠有個合理的說法，那麼就必須清楚界定火化政策推動之前的前。那麼，火化政策推動之前的前指的是什麼？在此，有兩種不同的說法可以考慮：第一種指的就是一九八三年「墳墓設置管理條例」實施之前的前；第二種指的就是一九九〇年「台灣北部區域喪葬設施實施方案」實施之前的前。

就第一種而言，此處的前之所以認定是「墳墓設置管理條例」實施之前的前，理由是「墳墓設置管理條例」當中有過與火化有關的規定。例如第十九條就規定「骨灰或骨骸安置於靈（納）骨堂（塔）內者，減

免收費；其標準及方式，由省（市）主管機關定之[1]」，表示有關火化政策已經呈現在法條之中。如果不是這樣，那麼這樣的呈現就沒有意義。所以，只要相關規定呈現在法條之中，就表示這樣的規定就代表政府的政策。

表面看來，這樣的說法似乎言之成理。可是，我們只要仔細對照其他的法條就會很清楚，在「墳墓設置管理條例」的所有法條當中，主要規範的是土葬，與火化有關的法條只有第十六條、第十八條、第十九條與第二十九條。從這些條文所占的比例來看，只占全部條文的八分之一。由此可見，在「墳墓設置管理條例」當中，土葬才是主要的埋葬政策，而非火化塔葬。

爲了更清楚這一點，我們進一步討論相關內容。就「墳墓設置管理條例」而言，第十八條規定「公墓內之無主墳墓，管理機構或管理員（人），因更新、管理需要，得報請直轄市、縣（市）主管機關許可，起掘火葬或安置於靈（納）骨堂（塔）內。並應於起掘三個月前公告，必要時，得縮短爲一個月[2]」，表示「起掘火葬或安置於靈（納）骨堂（塔）內」的主要是「公墓內之無主墳墓」。此外，與火化政策關係至爲緊密的納骨堂塔，有關設置部分並沒有放在主要的條文之中，而是放在附則之中，表示火化塔葬還不是主要政策。

就第二種說法而言，此處之前之所以認定是「台灣北部區域喪葬設施實施方案」實施之前的前，理由是此一實施方案最初只是區域計劃，主要目的在於解決台灣北部日益嚴重的喪葬問題。後來實施不到半年，隨著政府推動國家建設六年計劃的需求擴大範圍，把台灣北部以外的區域，還有福建省的金門縣及連江縣一起納入。這個計劃除了更新舊墓，推動公墓公園化，改善殯儀館、火葬場、納骨堂（塔）等設施，提高喪葬設施服務品質外，更以鼓勵火化與塔葬，以期合理有效地利用墓地，

---

[1] 顏愛靜主持（1995）。《私立喪葬設施經營管理之研究》。台北市：內政部民政司，頁127。

[2] 同註1。

促進墓政管理的現代化[3]。

除了上述的理由之外，更重要的是，環境的相關因素。如果不是社會發展的需要，那麼政府將土葬的作法改成火化進塔就沒有意義。因爲，火化進塔作法的提出表示政府用地孔急。如果只是透過土葬作法的調整，那麼經過這樣調整所產生的用地仍然緩不濟急，無法滿足社會發展所需。由此可知，除非社會已經發展到一定的高度，否則對於用地是不會有如此龐大的需求，需求到現有剩下的地仍然不夠使用，還需要從死人身上尋求新的用地。

在確認火化政策推動之前的前爲何以後，我們接著討論火化政策推動之前的情形。由於台灣在清末曾經割讓給日本，而日本又是一個以火化作爲埋葬主要政策的國家，所以有必要瞭解日本統治對台灣埋葬處理的影響。照理來講，日本既然強調火化，那麼台灣也應該深受影響才對。可是，實情並不是這樣。對台灣人而言，在中國傳統文化的影響下，他們仍然堅持土葬的作法，認爲火化的作法是違反孝道的。在觀念無法改變的情況下，日本人也就只好按照台灣過去的作法來管理埋葬的問題，例如要求不要在公墓之外埋葬[4]。

不過，這不表示日本人就完全放棄火化的要求。實際上，他們對於火化採取的是獎勵的作法，希望台灣人能夠配合[5]。因此，在設施的規範上，除了公墓的部分之外就是火化場的設置要求，例如也適用於台灣的日本國內頒布的「墓地火葬場及埋火葬取締規則」就對墓地和火化場的設置距離有所規定，要求「1.有關墓地方面：不沿著道路、鐵路、河川興建，與人家距離大約六十間以上。2.有關火葬場方面：要距離公眾輻奏之地一百二十間以上[6]」，表示火葬場的設置是埋葬的一個重點。

---

[3]黃有志主持（1998）。《殯葬設施公辦民營化可行性之研究》。台北市：內政部民政司，頁12-13。

[4]李民鋒總編輯（2014）。《台灣殯葬史》。台北市：殯葬禮儀協會，頁61。

[5]同註4，頁60。

[6]同註4，頁58。

那麼，這些火化場是如何設置的？由於資料不完整，我們很難確實瞭解當時的設置情形。不過，依據合理的推測，最初火化場的設置應以寺廟爲主。因爲，一般台灣人是不採取火葬的，會採取火葬的只有佛教的信衆。對他們而言，這樣的作法才能淨化他們的身心，讓他們不至於受到身體執著的控制。因此，基於信衆的需要，把火化場設置在寺廟中應該是比較合理可行的作法。這樣就能說明爲什麼在台灣光復以後仍在使用的火化場會有這麼多是屬於寺廟附設的火化場。

由此可見，日據時代台灣雖有獎勵火化的作法，但是基於傳統孝道的要求，這樣的獎勵並沒有產生太大的效用。所以，在光復以後，台灣很順利地延續過去土葬的作爲。最初，政府對於埋葬的部分並沒有花太多的心思，主要是依據大陸時期所訂定的「公墓暫行條例」，重點放在公墓的管理上。根據這個條例，爲了節約墳墓用地，明定墓基的面積不得超過兩百平方市尺，約22.22平方公尺[7]。

後來，到了一九七六年才開始構思公墓公園化的政策，提出「台灣省公墓公園化十年計劃」，重點在於舊墓更新，充實殯儀館、火葬場及納骨設施。雖說這個計劃也兼顧了殯儀館、火葬場和納骨設施的充實，但主要照顧的還是舊墓更新的部分，總共更新舊墓三百五十處。至於對殯儀館、火葬場和納骨設施的照顧，整體而言還是不足。於是，到了一九八四年台灣省政府又通過了「台灣省改善喪葬設施十年計劃」，總共辦理公墓公園化一百零六處，增設殯儀館二十處及現代火化場十處[8]。

到了一九八九年，基於都市發展的需求，爲了避免土葬用地不足的困擾，台北市率先提出火化免費的作法，鼓勵市民採取火化進塔的作法。同年稍後，內政部更進一步行文台灣省、台北市及高雄市，請各省市研議鼓勵寺廟興建納骨堂塔設施的可行性，爲火化塔葬政策的正式推出做準備。爲了具體瞭解當時的火化情形，我們以台灣一九八二年到

---

[7]同註4，頁82-83。

[8]同註3，頁11-12。

一九八九年的火化率作爲瞭解的依據[9]。就一九八二年的火化情形而言，當年的總火化人數是14,147人，火化率占總死亡數的16.2%。此後，一直很難突破20%。到了一九八八年，當年的總火化人數爲26,754人，火化率突破20%，來到26.2%。到了一九八九年，當年的總火化人數爲28,507人，火化率進一步提升爲27.6%。由此可見，在火化政策正式推出之前，台灣的埋葬政策基本上還是以土葬爲主，火化進塔的僅占總死亡數的四分之一強。

第二節　推動後的火化情形

在瞭解火化政策推動前的情形以後，我們接著瞭解火化政策推動後的情形。一般而言，我們會以爲火化政策會有一個明顯的分水嶺，截然分清楚什麼是火化政策推動前、什麼是火化政策推動後。實際上，情形並沒有那麼截然。因爲，一個政策的推出是需要有一段試行的時間。在試行的過程中如果沒有問題，那麼這樣的政策就會正式推出。如果在試行的過程中出現嚴重的問題，那麼這樣的政策就可能胎死腹中。因此，火化政策的推出也有它的試行時間。

那麼，這個試行時間是什麼？就是始於一九八三年的「墳墓設置管理條例」的訂定。在「墳墓設置管理條例」的第十九條，就曾經規定過省（市）政府對於配合火化塔葬的民眾要給予減免收費[10]。照理來講，政府在通過這樣的法規之後，各地方政府就應該積極配合。可是，我們看到的卻不是這樣。那麼，爲什麼會這樣？這是因爲與火化塔葬有關的配套措施都還沒有成熟，所以各地方政府才沒有配合。要各地方政府配合，就必須等到一九八九年相關配套比較成熟的時候。

---

[9]同註4，頁89。

[10]同註1，頁127。

現在，我們先討論配套的問題。首先，要推動火化政策就必須有火葬場的設置。可是，在一九八三年的「墳墓設置管理條例」當中，並沒有直接規定火葬場的設置申請文件，它只規定管理辦法由省（市）政府定之。對於這個問題的解決，要到一九八六年政府通過的「墳墓設置管理條例施行細則」。在施行細則中，它才規定火葬場設施的設置申請文件比照公墓規定[11]，如設置地點位置圖、設置範圍之地籍圖、配置圖說、經費概算、管理辦法及收費標準、無妨礙區域計劃與都市計劃說明書、土地權利證明或使用同意書及地籍謄本[12]。

此外，火葬場本身需要什麼樣的設施也需要有個具體的規範。如果沒有具體的規範，那麼在設置時就不知道應該具備什麼樣的設施。所以，爲了具體確認火葬場的設施內容，我們需要對火葬場的設施予以規範。可是，對於這個問題，「墳墓設置管理條例施行細則」並沒有直接規定，而是賦予省（市）政府訂定的權利。於是，到了一九九二年，台灣省政府就在「台灣省喪葬設施設置管理辦法」中規定火化場的設施內容，包括：「一、火葬爐。二、金爐。三、祭堂。四、停棺室。五、骨灰室。六、停車場。七、接屍車。八、服務中心及家屬休息室。九、汙水處理設備。十、圍牆。十一、盥洗及廁所。十二、聯外道路。前項第一款火葬爐、第二款金爐應具備空氣汙染防制設備；第四款停棺室、第七款接屍車應具備屍臭防治措施或設備；第六款停車場應具備相當規模；第十款圍牆高度應有二公尺以上[13]。」

其次，要推動火化政策就必須有靈（納）骨堂（塔）設施的設置。可是在一九八三年的「墳墓設置管理條例」當中並沒有直接規定靈（納）骨堂（塔）設施的設置申請文件，它只規定管理辦法由省（市）政府定之。對於這個問題的解決，要到一九八六年政府通過的「墳墓設置管理條例施行細則」。在施行細則中，它才規定靈（納）骨堂（塔）

---

11 同註1，頁134。

12 同註1，頁124-125。

13 同註1，頁137。

設施的設置申請文件比照公墓規定[14]，如設置地點位置圖、設置範圍之地籍圖、配置圖說、經費概算、管理辦法及收費標準、無妨礙區域計劃與都市計劃說明書、土地權利證明或使用同意書及地籍謄本[15]。

不過，只有靈（納）骨堂（塔）設施的設置申請文件還不夠。因為，設置地點的規定也很重要。如果沒有設置地點的規定，那麼靈（納）骨堂（塔）設施就會變成幽靈的存在，不知應該設置在哪裏。對於這個問題，到「墳墓設置管理條例施行細則」時也有了進一步的解決。根據施行細則的規定，它是屬於公墓的一部分。所以，它才會在第十四條把靈（納）骨堂（塔）設施當成公墓應有的必要設施之一[16]。

此外，靈（納）骨堂（塔）本身需要什麼樣的設施也需要有個具體的規範。如果沒有具體的規範，那麼在設置時就不知道應該具備什麼樣的設施。所以，為了具體確認靈（納）骨堂（塔）的設施內容，我們需要對靈（納）骨堂（塔）的設施予以規範。可是，對於這個問題，「墳墓設置管理條例施行細則」並沒有直接規定，而是賦予省（市）政府訂定的權利。於是，到了一九九二年，台灣省政府就在「台灣省喪葬設施設置管理辦法」中，規定靈（納）骨堂（塔）的設施內容為「靈（納）骨堂（塔）應有通風、採光、防震、防颱、防盜及祭祀設施。未設置殯儀館地區，公立靈（納）骨堂（塔）應設有簡易治喪場所[17]」。到了一九九三年，台北市政府也在「台北市殯葬管理辦法」中規定「靈（納）骨堂（塔）應設祭堂及休息室[18]」。

同時，為了區分靈（納）骨堂（塔）設施和公墓設施的不同，在「墳墓設置管理條例施行細則」中，也規定「骨灰及骨骸應儘量安置於靈（納）骨堂（塔）或其他專門藏放骨灰或骨骸設施內[19]」，表示塔葬

---

[14]同註1，頁134。
[15]同註1，頁124-125。
[16]同註1，頁132。
[17]同註1，頁137。
[18]同註1，頁140。
[19]同註1，頁133。

和墓葬是不同的葬法。不過，在這裏並沒有做硬性的規定骨灰或骨骸一定要放置在靈（納）骨堂（塔）設施內，而只是要求要儘量。之所以如此，是因爲當時還在試行的時間，倘未完全確定採行火化的政策。但是，到了一九九三年的「台北市殯葬管理辦法」，就明白規定「火葬限使用五分板（八分之五英吋）以下棺木。火葬或撿骨後之骨灰（骸）應安置於靈（納）骨堂（塔）設施內，不得再行土葬[20]」。

除了上述法規的配套之外，還需要實際建設的配合。早在一九八四年台灣省政府就通過「台灣省喪葬設施十年計劃」，所有補助的經費高達六億三千萬元，從一九八五年到一九九五年這十年間，總共辦理公墓公園化一百零六處，增設殯儀館二十處及現代火化場十處。此外，台灣省政府又在一九九二年提出「台灣省基層建設第二期四年計劃改善喪葬設施實施計劃」，所有經費預算高達七億三千餘萬元，總共辦理舊墓更新一百一十八處，興（修）建殯儀館五處，火葬場五處[21]。

至於內政部則於一九九〇年研擬「台灣北部區域喪葬設施實施方案」，到了一九九一年，爲了配合「國家建設六年計劃」擴大實施範圍，將台灣省其他區域及福建省金門縣及連江縣併入，改名爲「端正社會風俗——改善喪葬設施及葬儀計劃」，所用經費預算高達四十八億零六百三十五萬元，總共辦理公墓公園化一百二十九處，興（修）建納骨堂（塔）一百一十三處，殯儀館二十處，火葬場二十四處[22]。有關火葬場的設施，到二〇〇二年「殯葬管理條例」通過之前，除了彰化縣、嘉義縣和連江縣沒有外，其他各縣市都有。全台總共有火葬場三十一處，火葬爐一百四十四座。其中二十八處屬於政府興建的，三處屬於民間興建的。

雖然政府在硬體建設方面已經做了不少的投資，但是仍然擔心納骨堂（塔）數目的不足。於是，在一九八九年由內政部行文台灣省及台北

20同註1，頁141。
21同註3，頁12。
22同註3，頁12-13。

市、高雄市政府，要求他們研議鼓勵寺廟興建納骨堂塔的可行性，希望藉由這樣的研議，讓寺廟也可以大量興建納骨堂（塔），滿足火化塔葬的需求。那麼，爲什麼要選擇佛教寺廟？這是因爲佛教本來就主張火化塔葬。如果可以鼓勵佛教寺廟的參與，那麼火化塔葬的政策要成功推行就會比較容易。經過政府與民間多年努力的結果，到了二〇〇二年「殯葬管理條例」通過前，全台灣的靈（納）骨堂（塔）設施共計有三百零三處，政府興建的共有二百五十六處，民間興建的則有四十七處，總容量共有4,784,908位。其中，骨灰位爲3,414,768位，骨骸位爲1,370,140位[23]。

除了上述的法令配合和硬體建設外，獎勵措施也很重要。最早配合「墳墓設置管理條例」施行減免措施的是台北市，當時它是採取使用火化爐免費的作法。可是，這不是一個常規的作法。如果要變成常規的作法，就必須變成正式的法令。那麼，第一個成爲正式法令的，是台灣省政府提出的「台灣省喪葬設施設置管理辦法」。在這個辦法中，它明白規定「低收入者火葬時，應減免收費；其比例由縣（市）政府定之[24]」。至於台北市政府在一九九三年一月雖然也提出了「台北市殯葬管理辦法」，但是並沒有明白規定減免的狀況。而高雄市作爲第三個配合的地方政府，則於一九九三年三月提出了「高雄市殯儀館、火葬場、公墓、靈（納）骨堂（塔）管理辦法」，明白規定「一、現役軍人陣亡或病故、貧困、征屬、公務人員因公殉職或其他對國家民族有特殊貢獻者。二、本市列冊有案之第一、二、三類低收入戶或未列入低收入戶，而生活窘困經查明屬實者及仁愛之家公費家民。三、因天然災害或其他不可抗力之原因致死亡，或檢察官因辦案之考慮暫不殮葬，經主管機關核准減免者。符合前項第一款、第二款規定者，費用全免，第三款規定者依

23 以下未標示來源之數據，請參考內政統計年報105年電子書，網址是http://sowf.moi.gov.tw/stat/year/list.htm。

24 同註1，頁138。

核准內容減免之[25]」。

經過上述的努力，台灣民眾對於埋葬的處理不再完全局限於土葬的作爲，而開始轉向火化塔葬的作爲。對他們而言，土葬雖然是傳統堅持的葬法，認爲這樣配合才能善盡孝道，但是無論怎麼配合，現實因素的考量還是很重要的。因此，在經濟因素、土地有限因素的考慮下，他們不再把土葬作法當成首選，反而紛紛採取火化進塔的作爲。就是這樣的改變，使得死亡者的火化率節節高升。

例如在一九八九年時，當年的總火化人數是28,507人，火化的占比只有總死亡數的27.6%。到了一九九五年，當年的總火化人數是58,256人，火化的占比則提高到總死亡數的50%。到了二○○一年，當年的總火化人數是90,597人，火化的占比則更提高到總死亡數的71%[26]。由此可見，火化政策的推出是成功的，它逐漸改變民眾土葬的傳統，從而創造一個新的火化塔葬的傳統。雖然如此，這不表示這樣的改變就是最後的改變。相反地，對於台灣的埋葬政策而言，這樣的改變還是不夠徹底。如果希望能夠徹底，那麼就必須等到下一階段環保自然葬新政策的提出。

第三節　新的轉向

那麼，政府爲什麼要提出新的政策？火化塔葬的政策不是已經產生作用？既然已經產生作用，那麼就不應該提出新的政策。通常會提出新的政策的情形有兩種，不是沒有辦法解決問題，就是又有新的問題產生。那麼，新政策的提出是屬於哪一種？就我們所知，火化政策的任務基本上是達成了。正如上述所說那樣，火化率從一九八二年的16.2%，到

25同註1，頁147。

26同註4，頁89。

了二〇〇一年的71%。整體而言，這樣的改變不可謂不大。既然如此，那麼爲什麼又要提出新的政策？

關於這一點，就不得不讓我們更深入思考這個問題。就我們所知，火化塔葬的政策確實相當成功。對於這樣的政策，我們實在不應該再提出什麼樣的質疑。因爲，它對於土地利用問題的解決是相當有成效的。例如相關於土葬而言，火化塔葬之後所利用到的土地面積其實只有土葬的幾百分之一，甚至於上千分之一，表示火化塔葬的土地利用效率要高於土葬的千百倍。這麼說來，火化塔葬就節省了千百倍的土地。基於這樣的估算，我們對於火化塔葬的政策只能給予肯定，而不應該還有什麼批評的說法。

可是，問題的解決不能只看表面，而要做更深入的反省。的確，火化塔葬是解決不少的土地利用效率的問題，但是，這樣的土地利用效率是否是最大的？其實，這是可以質疑的。畢竟火化塔葬是要用到土地的，只要用到了土地，我們總是可以問這樣的土地利用是不是最大的？如果是，那麼我們就可以繼續利用下去。如果不是，那麼我們就應該改弦易轍，否則就達不到我們想要的最大效果。因此，我們就可以合理地對火化塔葬的政策提出進一步的質疑。

根據這樣的思考，我們就可以有理由地進一步反省火化塔葬的政策。那麼，火化塔葬的政策在土地利用效率上是否是最高的呢？相對於土葬而言，火化塔葬的土地利用效率是要高出許多。但是，是否是最高的？其實很難說。之所以如此，是因爲它還要用到土地。如果我們可以找到土地用得更少，甚至於根本就不需用到土地的葬法，那麼就表示火化塔葬的政策不是最終的殯葬政策，只是爲了解決土葬問題的一個過渡政策。

那麼，有沒有這樣的葬法？對政府而言，這樣的葬法是存在的，而且存在了好長一段時間。只是過去我們沒有注意，也不認爲改革需要這麼極端，所以就沒有想到要主推這樣的葬法。可是，現在處境不一樣了，客觀條件也比較成熟，我們是可以主推這樣的葬法了。於是，到了二〇〇二年，內政部提出「殯葬管理條例」取代「墳墓設置管理條例」。在新的條例當中，它明白主張環保自然葬的重要性，認為這樣的葬法才能滿足今天環保時代的環保要求[27]。

從這裏可以看出，與埋葬有關的政策除了土地利用的要求之外，還加上了環保的要求。那麼，這兩個要求有沒有什麼關聯？表面看來，這兩個要求似乎沒有什麼關聯。因為，一個和土地利用有關，一個和環保有關。可是，只要我們深入思考，就會發現這兩者還是有關聯的。其中最大的關聯在土地利用的問題。例如火化塔葬的作為要用到土地，這種對於土地的利用是一次性的。雖然這樣的利用可以從一次性當中游離出來，但是眞要配合這樣做法的人其實不是很多。所以，基本上，對於這樣的一次性還是火化塔葬的基本認知。至於樹葬就不同，它一開始就告訴所有的使用者，它的使用是多次性的，並不是專屬某一個人。所以，在利用上它就會從一次性當中游離出來而成為多次性，甚至無數次性。

就這一點而言，樹葬要遠比火化塔葬來得更能善用土地。不過，不僅如此，樹葬在土地面積的利用上，也要比火化塔葬來得更小。就火化塔葬而言，它要用到的面積還要0.36平方公尺，而樹葬由於研磨得更細，所以使用面積就顯得更小。此外，當這些更細小的骨灰被樹吸收之後，這些骨灰就成為樹的一部分，從此以後不再占有任何空間。由此可見，相對於火化塔葬還要長期占有一定空間的作為，樹葬的讓骨灰消失於無形的作為，是更能善用土地的。

至於海葬就更不要說了。對火化塔葬而言，它除了塔位需要用到一定面積的土地以外，塔本身也要用到一定面積的土地。當它們在使用時，其他的人或建築物就不能再利用這一個塔位或塔。如果要再利用，那麼除了這個塔位已經沒有人使用或這支塔已經不再存在，否則其他的人或建築物是沒有辦法繼續使用這些土地的。相反地，海葬情況就大大不同。對海葬而言，它本身沒有占據一定空間的建築物，也沒有占據一

---

[27] 內政部編印（2004年）。《殯葬管理法令彙編》。台北市：內政部，頁1。

定空間的塔位。只要亡者願意，那麼他就可以完全回歸大海。無論這樣的回歸有多少，原則上都可以被大海接納，不會對大海的環境帶來太大的影響。因此，就這一點而言，海葬不但比火化塔葬要來得善用土地，也比樹葬要來得更能善用土地。透過這樣的利用，海葬就可以在完全不用到土地的情況下化解埋葬需要用到土地的問題。

這麼說來，環保自然葬確實要比火化塔葬的政策來得更適合解決土地利用的問題，那是否表示這樣的葬法更能受到民眾的青睞？關於這個問題，我們需要透過具體數據加以說明。正如上述對於土葬和火化塔葬的比較，我們透過數據說明火化塔葬經過不到二十年的努力，火化率就從一九八二年的16.2%提高到二○○一年的71%，表示火化率有四到五倍的提高。那麼，從二○○二年「殯葬管理條例」通過之後，到了二○一八年環保自然葬是否也出現類似的情形？如果是，那就表示環保自然葬是沒有問題的。如果不是，那就表示環保自然葬的做法需要進一步的檢討，看在推動過程中哪一個環節出了問題。

現在，我們先瞭解環保自然葬推動之前的情形。就我們所知，台灣最早實施環保自然葬的是高雄，時間是二○○一年。當時，它選擇的作法是海葬。那麼，爲什麼會選擇海葬？這是因爲高雄是一個港口城市。如果採用海葬，那麼民眾的接受意願可能就會比較高，也比較容易凸顯城市的特色。既然如此，這就表示最初推動的成效應該不錯。可是，實際成果並沒有想像中的好，總共只有十四件。

問題是，此處所謂沒有想像中的好到底有多不好？如果沒有實際的比較，其實也不是那麼的清楚。所以，爲了清楚起見，我們必須拿環保自然葬的其他葬法來比。到了二○○二年，海葬正式實施，當年高雄的海葬件數增加到二十八件。不過，相對於二○三年實施的樹葬（含灑葬及花葬），這樣的件數就顯得太少。因爲，樹葬（含灑葬及花葬）的總件數是二百零九件。換句話說，這樣的件數只是樹葬（含灑葬及花葬）的七分之一到八分之一。由此可見，海葬的推動成效初步看來是沒有樹葬（含灑葬及花葬）來得那麼好。

不過，這還只是初步推動的成果，並不是推動一段時間之後的成果。因爲，推動不只需要時間，相關的硬體和軟體的配套也需要逐步建構。正如火化塔葬在推動的時候需要有軟硬體的配套配合，環保自然葬在推動時也是一樣。現在，如果我們把時間拉長到二〇一六年，那麼這樣的總成果是否會比較好？之所以這麼說，是因爲環保自然葬要推動得好，除了硬體設施外還要有鼓勵措施的配合。如果缺少這些配套措施，那麼想要把環保自然葬推動得好可謂比登天還難。

在這個過程中，我們就看到硬體設施不斷地在增加，從高雄一個城市有海葬開始，到現在不只台北市、新北市、桃園市、台中市、台南市、高雄市等六都有海葬[28]，連宜蘭、花蓮和台東也有海葬。至於樹葬（含灑葬及花葬）部分總共有33處，除了新竹縣市、嘉義市、澎湖縣及連江縣等縣市還沒有外，其他的地方幾乎都有[29]。此外，對於採取環保自然葬措施的民衆，政府也提出許多優惠的措施，像費用的減免，甚至於免費。例如北北桃的聯合海葬就是採取免費的鼓勵措施，希望民衆能夠選擇海葬的作法[30]。又如台北市於二〇一六年依據「台北市多元環保葬鼓勵金發放作業要點」發放獎勵金，獎勵民衆凡從富德靈骨塔或陽明靈骨樓遷出骨灰者發放一萬元，遷出骨骸者發放兩萬元，臻愛樓遷出骨灰者發放兩萬元[31]。

經過這些年努力推動的結果，就我們所知，成果確實比最初推動的情形要好上很多。例如海葬的件數就從民國二〇〇二年的二十八件，提高到二〇一六年的二百五十九件，成長的倍數幾乎是原先的九倍到十倍。同樣地，樹葬（含灑葬及花葬）也從二〇〇三年的二百零九件到二〇一五年的近萬件，成長的倍數幾乎是原先的四十幾倍。整體而言，經

---

[28]台灣環保自然葬協會（2017）。《台灣環保自然葬協會成立大會會員手冊》。嘉義：台灣環保自然葬協會，頁28。

[29]同註28，頁29-61。

[30]同註28，頁62。

[31]請參見潘懷宗議員辦公室新聞稿，2016/05/16，網址是http://tcc9104.tcc.gov.tw/News_Content.aspx?n=B97CEDE4415ED041&s=2F8FE3411A2E9EB8。

過這十幾年的努力，海葬累計的總件數已經達到一千六百三十件[32]，樹葬（含灑葬及花葬）累計的總件數則已經達到兩萬多件[33]。也就是說，樹葬（含灑葬及花葬）累計的總件數是海葬的十幾倍。

如果我們只看到這裏，那麼就可以下一個簡單的判斷，就是樹葬（含灑葬及花葬）的推動要比海葬成功不少。不過，這樣說的成功意義並不大。因爲，這樣的成功只是內部的判斷，表示在環保自然葬內哪一種葬法比較容易被接納，並不表示整個環保自然葬就是成功的。如果我們要證明環保自然葬的政策是成功的，那麼就必須進行外部判斷，正如推動火化塔葬時那樣與土葬做一個比較，與火化塔葬做一個比較，看這樣的葬法是否已經逐漸取代火化塔葬？如果是，那就表示這樣的政策推動是成功的。如果不是，那就表示這樣政策的推動是失敗的。

就我們所知，情況似乎不是表面所看到那樣。表面看來，環保自然葬的件數確實年年都在增加。但是，這樣增加的速度並沒有想像中的那麼快。實際上，如果從這十幾年的埋葬總數來看，環保自然葬的占比只有整體的百分之一點多，就算是二○一五年的情形，也只占整個埋葬數的百分之六，並不算多，表示它還不是整個埋葬處理的主流。如果它想要是的話，那麼就必須像火化塔葬那樣，從百分之十幾提高到百分之七十，這樣的改變就是一種成功的表示。也就是說，成爲大多數人埋葬的選擇。否則，只在不到百分之六的情況下就說自己有多成功，這樣的宣示其實是沒有太大的意義。

在此，有人可能會反駁說，這樣的批評是不中肯的。因爲，推動的時間還不夠長。只要時間夠長，那麼後面的發展最終就會證明環保自然葬的政策是成功的。對於這樣的反駁，我們的回答是，如果火化塔葬政策的推動，可以在不到二十年的時間就逐步取代了土葬，那是否表示環保自然葬也可以在經過未來幾年時間的推動，就達成火化塔葬的效果？

32同註28，頁28。

33邱達能（2017）。《綠色殯葬》。新北市：揚智文化事業股份有限公司，頁56。

對於這一點，說眞的我們並沒有這樣的信心。這是因爲在可以預見的未來，無論環保自然葬的成長速度是多麼樣的快，這樣的快都不足以像火化塔葬那樣的取代土葬，相反地，它可能還是處於埋葬選擇的少數，一年占比不到百分之十。

如果眞是這樣，那就表示環保自然葬的推動可能是有問題的。到底這樣的推動是本身就有問題，還是推動的方式有問題？對於這些問題都需要我們更深入的探討。唯有在探討清楚之後，我們才能給一個明確的答案。否則，在情況未明的情形下，所有給予的答案都只是一種猜測。既然只是猜測，自然就無法公平對待環保自然葬。

第三章

火化政策的檢討

本章重點

1.瞭解火化政策的優點

2.瞭解火化政策的缺失

3.瞭解火化政策的未來

第一節　火化政策的優點

經過上述的探討，我們發現火化政策的推動有兩個不同的階段：第一個階段就是用火化塔葬取代土葬的階段；第二個階段就是用環保多元葬取代火化塔葬的階段。那麼，這兩個階段成效各不相同。就第一個階段而言，這個階段的取代是成功的。就第二個階段而言，這個階段的取代似乎還沒有看到成功的跡象。但是，無論這樣的取代是否成功，我們都看到了一個成功的事實，就是火化率不斷地在提高，從一九八二年的16.2%到二〇〇一年的71%，再從二〇〇一年的71%到二〇一六年的96.19%[1]。也就是說，從第一階段的4.38倍到第二階段的1.35倍。

那麼，這樣的成功代表的意義是什麼？在此，我們看到的最大意義就是對傳統葬法的改變。過去，我們在喪葬的處理上強調的是孝道的善盡。因此，在善盡孝道的要求下，對於親人遺體的處置方式採取的是土葬的作法。那麼，傳統爲什麼要採取土葬的作法？這是因爲土葬的作法才能保護親人的遺體。如果不是爲了保護親人的遺體，其實採取什麼葬法都無所謂。既然認爲只有土葬才能保護親人的遺體，那麼爲什麼後來會改變這樣的想法，轉而接受火化的作法？

從表面來看，這樣的轉變似乎代表的是對於傳統孝道的不再堅持。如果還再堅持，那麼就不可能接受火化的作法。因爲，火化對於遺體來講就是一種破壞的行爲[2]。相反地，爲人子女見到這樣的作爲是無法接受的，正如孟子所說，這種無法接受是來自爲人子女對於親人遺體受到狐狸和蠅蚋傷害所產生的不忍人之心。在這種心的作用下，如果他們接受火化的作法，那就表示他們對於親人遺體的被破壞無動於衷，也就表示

[1]請參見內政部統計處105年內政統計年報電子書，頁69。

[2]邱達能著（2017）。《綠色殯葬暨其他論文集》。新北市：揚智文化事業股份有限公司，頁57。

他們不再善盡孝道。

可是，事實眞的是這樣嗎？就我們所知，他們對於親人還是願意善盡孝道的。關於這一點，我們可以從哪裏獲得判斷？在此，傳統禮俗的採用就是一個證明。如果不是願意善盡孝道，那麼他們不見得就要採取傳統禮俗的作法。因爲，他們可以採取的作法很多，例如佛教的作法、基督宗教的作法。但是，這些作法都無法讓他們善盡孝道，唯一能夠讓他們善盡孝道的作法就是傳統禮俗的作法[3]。現在，他們願意採取傳統禮俗的作法，這就表示他們並沒有放棄對孝道的堅持。

那麼，他們是如何做才能接受火化的作法，而又沒有放棄對孝道的堅持？對於這一點，過去的說法都把重點放在現實的因素上，認爲就是這些現實的因素，讓他們放棄土葬的作法而改採火化的作法。那麼，這些現實的因素是什麼？表面看來，就是經濟的因素。當喪葬的費用越來越高時，那麼有能力負擔的人就會越來越少。在沒有辦法負擔的情況下，就算有心想要盡孝的人，也只好屈服於現實的因素。所以，在沒有能力選擇土葬作法的情況下，只好選擇火化的作法[4]。

可是，問題有像表面看的那樣只是純粹經濟的因素嗎？實際上，未必如此。因爲，如果只是經濟的因素，那麼還是會有一些有能力的人可以選擇土葬的作法。那麼，爲什麼大多數的人不選擇土葬的作法而選擇火化的作法？對於這個問題，我們不能只停留在經濟的因素上，而要思考其他的可能。也就是說，一定有其他的理由讓這些有能力採取土葬作法的人，不再選擇土葬而改採火化的作法。

那麼，這樣的理由是什麼？最直覺的理由就是土地資源有限的理由。如果土地的資源很豐富，那麼土葬的費用就未必會很高。因爲，資源太過豐富就會物以多爲賤。相反地，如果資源太過稀少，那麼就會物以稀爲貴。現在，土葬價格升高，甚至於要高到大多數人都無法負擔的

---

[3]尉遲淦著（2017）。《殯葬生死觀》。新北市：揚智文化事業股份有限公司，頁153-154。

[4]同註2，頁57。

情況，那就表示這樣的土地資源要稀少到什麼地步，否則是不可能讓大多數的人都不再採取土葬而改採火化的作法。

在此，我們就可以很明顯看到，土地被拿來用在死人身上的部分是越來越少。如果不是這樣，那麼土地資源爲什麼會越來越稀少？如果是過去，受到死者爲大的影響，還有風水庇佑觀念的影響，土地資源原則上是由死人優先享用的。現在，在死人不是那麼多的情況下，卻又讓人覺得土地資源越來越稀少，主要是因爲土地資源不是拿來給死人優先使用的，而是給活人優先使用的。所以，這種處境的改變是受到土地利用價值觀念轉變影響的結果。

現在，我們接著要問的是，爲什麼土地利用價值的觀念會出現這樣的轉變？就我們所知，這是受到都市發展影響的結果。如果不是都市的發展，那麼就不會需要用到大量的土地。這時，活人和死人之間就不會產生爭地的問題。可是，在都市發展的過程中，活人需要用到更多的土地。當土地不夠發展的需要時，就會開始思考是否還有什麼土地可以利用。這時，就會出現活人與死人爭地的問題。爲了解決這個問題，活人就會從死者爲大的思考中跳脫出來，認爲滿足活人需要比滿足死人需要更爲重要。如此一來，活人對土地使用的優先性就會呈現出來，成爲土地利用的價值標準。

經過上述的探討，我們知道大多數人在處理親人的喪葬問題時，之所以採取火化作法的現實理由，主要是受到土地資源有限影響的結果，迫使大多數的人放棄想要採取土葬的作法。可是，只有這樣的理解還不夠。因爲，現實的因素固然會影響人們對於埋葬作法的選擇，但未必就一定如此。例如有的人就選擇有土葬區的公墓。那麼，是什麼樣的理由，讓大多數的人就算有土葬區的公墓可以選擇，他們依舊要選擇火化的作法？對於這個問題的探討，讓我們深入到火化作法的認知是否就一定不孝，還是它也是一種孝順的表達方式。

爲了化解這個問題，我們需要回到孝順所要達到的目的。就孝順所要達到的目的而言，重點在於保護親人的遺體免於受到狐狸和蠅蚋的傷

害。既然如此，在土葬的作法上就表現出兩種具體的作爲：第一種就是叫魂的作爲；第二種就是維護全屍的作爲[5]。就第一種作爲而言，在親人遺體出殯送到埋葬地點要掩埋時，就會對著靈柩大喊要親人的魂趕快離開，以免被埋在墳墓裏。對他們而言，這種呼喊的作爲其實表達的就是保護親人的孝心。同樣地，如果火化不想被當作一種不孝順的作法，那麼它一樣要滿足這樣的要求。於是，在火化時爲人子女的一樣在親人的遺體被推進火化爐時，要對著靈柩大喊要親人的魂趕快離開，不要被火燒著。藉由這樣的轉化，由於保護到親人的魂，所以火化也被認可是盡孝的一種作法。

就第二種作爲而言，在入殮時爲人子女的就會要求親人遺體的完整性。如果遇到不完整的情形，那麼他們就會設法要求殯葬業者恢復親人遺體的完整性。倘若沒有恢復親人遺體的完整性，那麼他們就會心裏很不安，認爲自己沒有善盡孝道。所以，爲了表示他們的孝順，在維持親人遺體的完整性上，他們是很在意的。對於這種完整性的要求，我們稱爲全屍的要求。

對於這種要求不只表現在入殮的時候，也表現在撿骨的時候。當一個人需要撿骨再葬時，通常在撿骨時就不會是隨便亂撿，而是要按照一定順序來撿。那麼，要按照什麼樣的順序來撿？簡單來說，就是從腳到頭的全屍順序。對爲人子女者而言，如果在撿骨時按照這個順序來撿，那麼他們就在善盡孝道。如果他們沒有按照這個順序來撿，那麼他們就沒有在善盡孝道。因此，有沒有按照從腳到頭的順序來撿，就決定他們有沒有在善盡孝道。

同樣地，爲了表示火化也是一種善盡孝道的作爲，所以它也必須滿足這樣的要求。於是，在親人的遺體火化以後，撿骨時就必須按照從腳到頭的順序來撿。如果沒有按照這個順序來撿，那麼這樣的作爲就會被認爲是沒有在善盡孝道。相反地，如果在撿骨時有按照這樣的順序來

---

[5]同註2，頁57-58。

撿，那麼這樣的作為就會被認為有在善盡孝道。由此可知，有沒有按照順序來撿是判斷為人子女的有沒有在善盡孝道的最佳證據。

經過這樣的認知轉換過程之後，火化的作法不再被認為是一種不孝的作法。相反地，它也是一種符合善盡孝道要求的作法。所以，火化作法的被接納表面看來是受到現實因素影響的結果，實質上，這種作法之所以被接納，是受到認知轉換影響的結果。無論所受影響為何，比較重要的是，火化的作法成功地取代了土葬的作法，成為台灣處理埋葬問題的主流。以下，我們進一步分析這種取代所產生效用主要有哪一些。

首先，這樣的取代所產生的最大效用是，土地資源的利用效率提高很多。過去，在土葬的年代，土地資源的利用是不講究效率的。雖然把土地資源讓給死人優先使用，也是為了活人謀福利，但是這種謀福利的方式既間接又不可靠，倒不如直接給活人用來得有效果。所以，到了火化的年代，就不再用這種間接的方式為活人謀福利，而轉由活人本身直接為自己謀福利。在這種情況下，土地資源的利用就要開始講究經濟的效益。只要能夠直接增進活人福祉的就是有效的利用，否則這種利用就是沒有效益的。

那麼，這裏的效益指的是什麼？在此，第一個指的是價格。如果土地是給死人用的，那麼無論這種使用最初的價格有多高，這種高都是有一定限度的。因為，在價格確定之後它就不再具有增值的空間。可是，土地給活人用的時候就不一樣。無論最初的價格是怎麼樣，它會隨著都市的發展而在價格上產生變動。當都市發展得不好的時候，它的價格就會往低的方向走。當都市發展得好的時候，它的價格就會往高的方向走。由此可見，它的價格會隨著都市的發展而出現極大的增值空間。對人們而言，這種增值的空間就會為活人帶來極大的經濟效益。

第二個指的是土地資源的活用。在過去，土地資源一旦為某個死人所使用，那麼這種土地資源就不能再為其他死人所使用，更不要說其他的活人。如此一來，土地資源的運用就會受到限制。但是，現在情況不同。一旦土地資源為活人所用，那麼這樣的資源就可以隨著社會的發展

而產生不同的用途。在這種情況下，土地資源的使用就不會再受到其他不相干因素的限制。

例如過去土地資源一旦用在墳地的設置上，那麼這種土地資源就不能再用在其他的用途上。後來，到了一九八三年的「墳墓設置管理條例」，雖然規定必要時對於已經設置的墳墓可以因著公共建設的需要而加以起掘和遷葬，但是這樣的行政作爲常常會引起許多民衆的抗爭，所以並沒有想像中的那麼容易執行。可是，在火化政策的推動下，人們不再採取土葬的作法，無形中所節約下來的土地資源不僅可以爲社會所靈活運用，也可以避免產生不必要的抗爭。

除了上述的效用外，其次這樣取代也產生了改善衛生的效用。過去，在土葬的年代，衛生問題常常不受到考慮。所以，當人死的時候，認爲只要把死人埋在土裏面，問題就會自然獲得解決。當然，有的問題確實可以這樣解決，可是有的問題卻不見得，這樣做的結果很容易產生衛生的問題。現在，在火化的處理下，上述的衛生問題很容易就獲得解決。無論死人有沒有傳染病的困擾，在火化的情況下都不再有困擾。所以，火化的政策產生了比土葬更加衛生的效用。

例如傳染病的問題，如果採取土葬的處理，表面看來傳染病的問題似乎解決了。但是，實際上，這樣的問題並沒有獲得解決，而是潛伏地下，造成水資源的汙染。等到這樣的汙染再次被人們飲用，這時汙染就會繼續擴散開來，造成更大的傳染病感染問題。如果眞要解決這樣的問題，遺體火化是個比較一勞永逸的作法。因此，到了火化的年代，火化自然會產生更加衛生的效用。

最後，這樣的取代還可以產生提升生活環境品質的效用。過去，在死者爲大和風水庇佑子孫觀念的影響下，墳墓要設在哪裏不是按照活人的需要，而是按照死人的需要。因此，只要死人有需要，墳墓就可以到處設置。如此一來，生活環境就顯得雜亂不堪，影響生活環境的品質。現在，在火化政策的引導下，墳墓不是要設置在那裏就可以設置在哪裏，而必須按照法律的規範。不僅不可以影響環境觀瞻，也不可以妨礙生活的品質。這麼一來，我們在生活環境的品質上就獲得了極大的改善。

例如在土葬的年代，到處可以看到一個一個的墳頭，不但破壞了環境的美觀，也讓人們隨時都會感受到死亡的氣息。可是，到了火化的年代，由於土葬的墳頭消失了，逐漸爲納骨塔的存在所取代，所以無形中死亡的氣息消失了，不雅的墳頭也漸漸消失了，使得整個環境清雅不少。對人們而言，這種改造的結果讓生活環境的品質有了不小的提升。

第二節　火化政策的缺失

雖然火化政策有不少的效用，但是也有不少的缺失。例如在土地利用的部分，最初在推動火化塔葬時，認爲這樣的作法應該可以解決土地資源有限的問題。表面看來，這樣的推動確實也解決了當初土地資源有限的問題。可是，隨著時間的推移，人們開始發現這樣的解決是不徹底的。當都市繼續發展時，土地資源有限的問題又繼續浮現。所以，爲了解決這樣的問題，在二〇〇二年的「殯葬管理條例」只好再提出環保自然葬的作法，用這樣的作法來徹底解決土地資源有限的問題。

本來，在這樣的作法中，海葬是最能解決土地資源有限的問題。因爲，海葬是把骨灰撒向大海，無論這樣的撒是直接的還是間接的，目的都在於讓骨灰溶解於大海之中，不再讓骨灰占據任何的土地[6]。可是，理想歸理想，事實上，這種作法被民眾接受的比例最低。從二〇〇一年高雄率先實施海葬開始到二〇一六年爲止，總共累積件數只有一千六百三十件。其中，件數最多的二〇一六年也只有二百五十九件。就整體的占比而言，比率都非常的低，基本上不是不到千分之一，就是超過千分之一一點點。由此可見，海葬雖然是最有效的方法，卻是推動

[6] 同註2，頁34。

最不成功的。

當然，這樣的不成功是有它的理由的。對一般民衆而言，海葬表面看來確實非常的浪漫，但是基於祭祀的要求，這樣的浪漫常常會受到不孝的挑戰。例如在親人忌日的時候，家屬常常在漫無邊際的海岸不知如何祭祀逝去的親人。當然，有人可能會說網路祭掃就是一個解決問題的方法。但是，實際上並沒有那麼簡單。因爲，網路祭掃是一種抽象的祭掃，冷冰冰的沒有感覺，而過去有個實體的祭掃方式，卻是帶著記憶一起掃墓的，所以會有具體的感受。因此，在缺乏具體感受的情況下，一般民衆就很難接受這樣的埋葬作法[7]。

此外，把親人的骨灰拋灑到海裏，到底是丟棄廢棄物還是讓親人回歸大自然，其實這裏分界並不是那麼的清楚。如果家屬是把親人的骨灰當成廢棄物來處理，那麼這種處理就是不孝的處理。當家屬而言，這樣的處理方式萬萬不能接受。如果是讓親人回歸大自然，但是從處理過程來看，家屬又很難感受到這樣的回歸。因此，在維護孝道的要求下，一般民衆就算想要選擇這樣的葬法，也要思慮甚久，甚至不敢做正面的回應。

如果選擇海葬會出現上述的顧慮，那麼選擇樹葬或花葬應該就沒有上述的顧慮了。表面看來，似乎如此。可是，實際上卻不見得。的確，樹葬或花葬和海葬不太一樣。對海葬而言，它會有祭祀無門的顧慮。不過，樹葬或花葬就沒有這個問題。因爲，樹葬或花葬還有個具體的樹或花，讓家屬想要祭祀親人的時候還有個具體的象徵。透過這個具體的象徵，家屬在祭祀時不但不會覺得冷冰冰的，還會有踏實的感受，認爲他們在和親人對話。

這麼說來，樹葬或花葬應該比海葬成功。如果我們從數據的呈現來看，那麼樹葬或花葬確實比海葬來得成功。但是，這樣的成功到底成功到什麼程度，情況就沒有那麼樂觀了。因爲，從數據的呈現來看，樹葬

---

[7]邱達能（2017）。《綠色殯葬》。新北市：揚智文化事業股份有限公司，頁54-55。

或花葬的確比海葬要來得多的多。例如二〇一六年的樹葬或花葬的件數將近萬件左右，而海葬則只有二百五十九件，兩者之間相差三十幾倍。不過，這只是樹葬或花葬和海葬的內部比較。如果我們要從外部做比較，就會看到樹葬或花葬和火化塔葬比起來就要少得很多，兩者之間相差將近二十倍。就這一點而言，表示樹葬或花葬要取代火化塔葬，還有一段很遠的路要走。

既然如此，那麼政府爲什麼還要執意繼續推動環保自然葬？這是因爲政府有一個假設，就是台灣的經濟會繼續發展，都市會繼續擴張。在這種情況下，土地的需求會越來越多。如果我們現在不先未雨綢繆，那麼一旦到時需要用到大量土地，這時再想方設法就會來不及。所以，與其到那個時候措手不及，倒不如事先先準備好，就不會有問題。換句話說，政府之所以要那麼執意地推動環保自然葬，主要都是基於這種先見之明所致。

現在，台灣的經濟與原先所設想的不一樣。在經過將近二十幾年的停滯，至今仍然不見得有起色。此外，人口也沒有按照原先的預測不斷地增加，相反地，人口逐漸成爲負成長。在相關條件的無法配合下，台灣的經濟很難再像過去那樣蓬勃發展。同樣地，都市也很難像過去那樣持續地擴張。這時，對於土地的需求也沒有像過去那麼急迫。在這種情況下，我們需要回來省思一下，有關埋葬的政策是否還要像過去那樣強調土地利用的問題？還是說可以改弦更張地另行思考，讓死人重新擁有他們利用土地的權利？

除了上述土地利用的問題外，環保也是一個很大的問題。表面看來，台灣埋葬政策對於環保問題的注意似乎是在「殯葬管理條例」立法時才考慮。實際上，在「殯葬管理條例」立法之前，台灣已經注意到環保的問題，只是注意的重點放在公共衛生上[8]。這時，主要關注的重點在於不要影響環境的衛生。可是，自從「殯葬管理條例」立法以後，人

---

[8]李民鋒總編輯（2014）。《台灣殯葬史》。台北市：殯葬禮儀協會，頁68。

們就發現環保問題不只是環境衛生的問題，還包括有沒有破壞環境的問題。如果人們的所作所為對環境會造成破壞，那麼這樣的所作所為就是違反環保的作為。如果人們的所作所為沒有對環境造成傷害，那麼這樣的所作所為就是符合環保的要求。所以，在「殯葬管理條例」以後，政府對於環保問題的重點就從公共衛生移轉到環境的保護上。

在這種新的環保意識的主導下，我們發現環保自然葬的要求就不只是不要影響環境衛生的問題，還要不要破壞自然。那麼，在「殯葬管理條例」裏面它是怎麼規定的？要如何做殯葬設施才不會破壞自然？關於這一點，我們可以在第十九條的規定當中明白見到，「直轄市、縣（市）主管機關得會同相關機關劃定一定海域，實施骨灰拋灑；或於公園、綠地、森林或其他適當場所，劃定一定區域範圍，實施骨灰拋灑或植存。前項骨灰之處置，應經骨灰再處理設備處理後，始得為之。如以裝入容器為之者，其容器材質應易於腐化且不含毒性成分。實施骨灰拋灑或植存之區域，不得施設任何有關喪葬外觀之標誌或設施，且不得有任何破壞原有景觀環境之行為。第一項骨灰拋灑或植存之實施規定，由直轄市、縣（市）主管機關定之。[9]」

根據上述的規定，環保自然葬的設施是不可以施設任何殯葬外觀的標誌或設施。既然沒有施設任何的殯葬外觀的標誌或設施，那麼對於殯葬設施所處的環境自然不會產生任何破壞的問題。不僅如此，連埋葬的容器都做了進一步的規範，規定只能是無毒可分解的容器，目的在於讓骨灰可以順利回歸大地，而不會對大地或海洋造成汙染或破壞。經過這樣的處理過程，環保自然葬可謂是從過去到現在最能符合環保要求的葬法。

這麼說來，火化塔葬就顯得不十分環保了。因為，火化塔葬和環保自然葬不一樣，環保自然葬是不准施設任何殯葬外觀的標誌或設施，而火化塔葬則可以。它不僅有十分凸顯的外觀，也會對環境帶來很明顯的

---

[9] 內政部編印（2004年）。《殯葬管理法令彙編》。台北市：內政部，頁10-11。

影響，讓人們一眼就清楚這樣的建築就是靈（納）骨堂（塔）的設施。這樣呈現的結果就顯得很不自然，也對當地的環境造成破壞的效果。不僅如此，在容器上環保自然葬採取的是無毒可以分解的容器，而火化塔葬的容器雖是無毒卻無法分解。因此，未來在拋棄時就會對環境帶來負面的影響，成爲無法處理的垃圾。所以，無論從建築物本身或所使用的容器來看，火化塔葬的作爲都是不環保的。

那麼，除了埋葬的部分不環保之外，骨灰的產生是否就是環保的？首先，就骨灰本身而言，由於骨灰本身無機的特質，要它對大地或海洋產生回饋根本就不可能。相反地，當它的量大到一定的程度時，尤其是超過環境的負荷時，這時這樣的回歸對大地不但沒有產生好處，反而出現負面的效果，甚至於造成大地或海洋的死亡。由此可知，骨灰的回歸大地或海洋並沒有表面看的那麼環保，是一個值得我們重新思考的問題。

此外，更嚴重的問題是，骨灰的產生是來自於火化爐火化的作用，那麼這樣的作用過程是否就是環保的？其實蠻讓人憂心的。我們之所以這麼說，是因爲火化的過程是一個很不環保的過程。在此，這個不環保來自幾個方面：第一方面來自所焚化的對象；第二方面來自火化爐具的運作；第三方面來自火化爐具本身。就第一方面而言，由於所焚化的對象除了遺體之外還有許多的陪葬物品，當遺體或陪葬物品在焚燒時，受到遺體或陪葬物品本身的材質或存在狀態的影響，使得焚燒的效果不太好，因此產生許多有害的氣體或顆粒，影響環境的品質，造成環境的汙染。所以，爲了避免這一類問題的發生，政府就大力宣導不要使用不具環保材質的陪葬品，減少這類物品焚燒時所帶來的環境汙染[10]。

其次，火化爐具運作的問題。就台灣早期的火化情形而言，主要燒的是木材。這種燒的方式不但要用到木材，燒的時候也很容易產生黑煙造成空氣汙染。除了費時之外，效率也不高。所以，基本上都是不環保的。後來，在推動火化政策時開始更新火化的設備，這些火化的設備開

---

[10] 同註2，頁37-38。

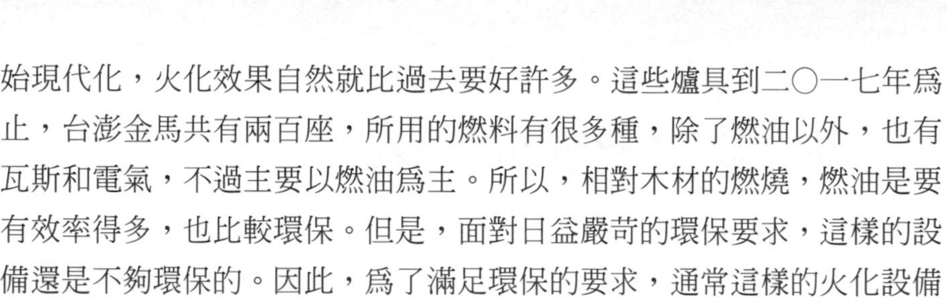

始現代化，火化效果自然就比過去要好許多。這些爐具到二〇一七年為止，台澎金馬共有兩百座，所用的燃料有很多種，除了燃油以外，也有瓦斯和電氣，不過主要以燃油為主。所以，相對木材的燃燒，燃油是要有效率得多，也比較環保。但是，面對日益嚴苛的環保要求，這樣的設備還是不夠環保的。因此，為了滿足環保的要求，通常這樣的火化設備都要搭配空汙處理設備。即使如此，這樣的搭配依舊很容易出現環保問題。

最後，有關火化爐具本身的問題。就台灣早期的火化設施而言，建有火化場的並不太多。但是，隨著都市的發展，火化政策的推動，有關火化場的設施就逐漸增加。到了二〇一七年，這些火化設施總共有三十七處。其中，除了彰化縣和嘉義縣還沒有設置外，其他縣市都有設置。在這些設置當中，共有爐具兩百座，有一百五十七座是固定式的，四十三座是移動式的。但是，無論是固定式的或移動式的，都有一個問題需要注意，就是這些爐具一旦報廢，這些報廢的爐具由於不能回收，也不能分解，所以也很容易產生環保的問題。

經由上述這些探討，我們發現火化政策並沒有想像中那麼完美。實際上，它雖然局部解決了土地利用的問題，但是隨著時間的推移，我們就發現它的解決是不夠完善的，還需要與葬法的作為相互配合，否則這樣的解決還是會出現後續的問題。此外，在環保價值的配合上，我們發現火化的做法似乎很難滿足環保的要求。雖然它可以在空汙處理設備的配合下改善環境汙染的問題，但要完全化解環保的問題，似乎沒有那麼簡單。因此，讓我們重新面對火化政策的問題，思考這樣的作為是否眞能滿足我們的環保要求與殯葬要求。

第三節　火化政策的未來

在瞭解火化政策的優缺點以後，我們最後再來探討火化政策的未來。根據上述的探討，火化政策的確幫我們解決了經濟發展所帶來的都市土地利用的問題。如果沒有火化塔葬的推動，那麼今日在土地徵收上可能就會引發極大的抗爭。不過，就算這樣，我們也不能忽略火化政策本身所帶來的推動問題及環保的困擾。如果我們遺忘了這一點，那麼未來火化政策的推動就會遭遇更大的阻力，在成效上也無法大幅提升。所以，爲了清楚這個政策的未來可能性，我們需要做更深入的探討。

首先，從政策面本身來反省。的確，殯葬政策只是所有政策中的一環。通常，這一環的決定是需要配合其他環的。問題是，配合歸配合，殯葬還是有它自身的主體性。如果忽略了這一點，只是一昧地強調它的配合性，那麼這樣配合的結果只會讓問題變得更複雜，而無法產生應有的效果。那麼，殯葬的主體性是什麼？就我們的瞭解，主要就是安頓生死。既然是安頓生死，那麼我們就要問這樣的政策是否足以安頓生死？如果可以，那麼這樣的政策就具有未來性。如果不可以，那麼這樣的政策就不具有未來性。因此，能不能安頓生死就變成這樣的政策是否具有未來性的一個重要指標[11]。

那麼，就土地利用的角度而言，火化政策是否足以安頓生死呢？就我們所知，這樣的政策重點在於現實生活的配合。當現實生活要發展時，這時殯葬政策就要做進一步的配合，而不要成爲這種發展的阻礙。如果沒有做這樣的配合，那麼在成爲阻礙的情況下，就會出現被淘汰的對象，例如土葬政策就是一個最好的例子。雖然如此，這不表示這樣的政策就可以不要考慮生死安頓的問題。如果這樣的政策完全不考慮生死

---

[11] 同註2，頁41。

安頓的問題，那麼下場就會像環保自然葬的推動那樣十分的不容易。爲了避免這樣的下場，生死安頓的需求還是要配合的。

如果要配合這樣的需求，那麼火化政策有什麼需要調整的？在此，我們不能只考慮土地利用的問題。因爲，只考慮土地利用的問題，所考慮到的只是物質層面的問題，並沒有考慮到精神層面的問題，而精神層面的問題恰巧是生死安頓很重要的一個部分。因此，如果我們要照顧到精神層面的問題，那麼就必須深入物質的背後，不能受限於物質的層面，否則就無法解決生死安頓的問題。

現在，我們進一步的問題是，爲什麼停留在物質層面就不能解決生死安頓的問題？這是因爲物質層面並不能解釋死後存在的問題。當死後存在不存在的時候，那麼人就會開始質疑活著的意義，也會認爲死亡就是沒有意義與尊嚴的開始。在這種情況下，我們就會認爲「殯葬管理條例」所標榜的死亡尊嚴只是一句空話，完全沒有落實的可能。爲了讓人活著有意義、死了有尊嚴，我們需要肯定死後的存在。當人死後還存在時，他的存在狀態才不會只是物，而可以重新以人的身分出現。這麼一來，在意義和尊嚴的要求下，人才有生死安頓的可能。

基於這樣的考量，我們對於死亡的處理就不能只是遺體的處理，也不能只是土地利用的處理，而要回來思考生死安頓的需求。根據這樣的需求，是否只要把一切的土地都留給活人使用問題就解決了？還是說也需要留下部分的土地，讓亡者也有機會可以具體地與生者產生聯繫？因爲，這是生者的要求。畢竟生者不見得人人都會滿足於抽象的想像，大多數人還是需要具體的聯繫才會出現眞切的感受。透過這樣的聯繫，生者可以在具體感受到亡者支持的情況下獲得更大的生活動力。否則，在缺乏具體聯繫的情況下，生者會認爲死亡就是一種結束與絕望。面對這種結束與絕望，生者不禁會懷疑努力認眞的活著是必要的嗎？

其次，就環保的配合而言，過去我們認爲對於環保價值的配合是無限上綱的。如果有人膽敢不配合環保，那麼這個人就是時代的罪人。所以，在人人都必須配合環保的要求下，我們盡力改善火化的環保問題。

可是，無論我們再怎麼配合，這樣的配合都無法做到零汙染的程度。因爲，只要使用到燃料，無論這樣的燃料再怎麼精純，這樣的燃燒或多或少都會有一些汙染。即使我們想辦法透過汙染處理設備，這樣的處理也不可能做到百分之百的沒有問題。因此，在這種情況下，我們不知不覺就會浮現一個念頭，就是要不要繼續堅持火化政策。反正無論我們怎麼堅持，結果都不會完全滿足環保的要求。既然如此，那麼我們是否要尋找一種新的政策，可以百分之百的滿足環保的要求？

於是，有人尋求新的作法，例如冰葬就是一例。問題是，冰葬是否就百分之百的符合環保要求呢？表面看來，似乎如此。因爲，在經過急速冷凍後，人的遺體就會變得十分易脆，在經過劇烈搖動後人的遺體就會開始粉碎化。如此一來，在分解人的遺體之後，對環境來說人的遺體就不會再產生負擔。因此，有人認爲這樣的作法是完全符合環保要求的。如果眞是這樣，那麼我們是否就可以合理地用冰葬的作法取代火化的作法？

問題是，答案有沒有這麼簡單。實際上，答案未必如此。理由很清楚，就冰葬的結果來看，人的遺體的粉碎性是很有環保賣點的，對土地的確也不會帶來負擔的壓力。可是，我們不要忘了，冰葬的急速冷凍採取的是液態氮的作用。就液態氮本身而言，它本身就不是完全符合環保的要求。在不符合環保的要求下，它的結果當然也就沒有那麼環保了。如果我們對環保採取百分之百的要求，那麼冰葬的作法和火化的作法就沒有表面看的差別那麼大了。

既然如此，那麼我們要回來思考的問題就是，對於環保的要求有沒有達到百分之百的必要？因爲，我們之所以要對環保有所要求，主要在於人類已經無法再忍受這樣的環境汙染[12]。如果再任由這樣的環境汙染持續下去，那麼人類就很難好好地存活下去。所以，爲了讓人類可以有機會好好地存活下去，我們需要一個能夠符合環保要求的環境。由此可

---

[12]同註7，頁25-29。

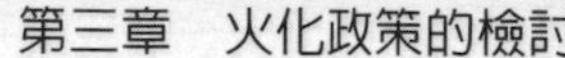

知，如何讓人類可以接受是一個很清楚的環保要求。基於這樣的要求，我們要做的就不是找一個百分之百無汙染的環境，而是人類可以接受的環境。

同樣地，在對火化政策做環保要求時，我們要求的也不是一個完全零汙染的火化作法，而是一個我們可以接受的火化作法。也就是說，雖然還是會有汙染，但這樣的汙染是我們的身體可以接受的。如果這種有條件的環保要求是合理的，那麼火化政策就還是有其可行性，也具有未來性。否則，在零汙染的絕對環保要求下，火化作法就不得不接受淘汰的命運。

實務篇

第四章

遺體火化及火化機

本章重點

1.瞭解火葬發展簡史
2.瞭解火化機發展情況
3.掌握火化機定義及工作特點
4.掌握火化機分類及主要參數
5.掌握遺體及隨葬品的組成
6.掌握遺體燃燒的八個階段特點

第一節　遺體火化技術概述

一、火葬的發展簡史

目前遺體的處理方式主要有土葬和火葬。

據可查的火葬記載可追溯到戰國時期：「秦之西有儀渠之國者，其親戚死，聚柴薪而焚之」；西南地區的少數民族也有「逝者燒其屍」的習俗。當時的火葬形式比較簡單，就是「聚柴薪而焚之」，採用火葬的範圍也僅限於部分地區和個別民族。居住在中原的地區的漢族則是以土葬爲主。這主要是受儒家文化「身體髮膚，受之父母，不可毀傷」的影響，最早的土葬就是簡單地挖個土坑把遺體埋掉；或在山上找個天然洞穴，將遺體放進去然後封住洞口。沒有儀式和尊卑等級，也沒有棺材。

漢代時隨著佛教的傳入，逐漸改變了人們的觀念，佛教認爲：火燒遺體能夠淨化逝者，南宋的高宗就曾兩次批准臣屬關於禁止火葬的建議。但是百姓以火葬爲便，相習成風，地方官無奈，只好姑從其便。到了元代，火葬從江南發展到河北，封建統治者採取鎮壓政策嚴禁火葬。明代《大明律．禮律》中有「其從尊長遺言將屍燒化及棄置水中者，杖一百」，「其子孫毀棄祖父母、父母及奴隸，雇工毀棄家長死屍者斬」。清代則更加嚴厲，除把明律中的內容全部搬進清律外，又增加了「旗民喪葬概不許火化」的條款，還採取了鄰里和地保互相監督的辦法來保證法律的實施。這樣從明、清兩代開始，火葬漸少，土葬逐漸盛行起來；喪葬的禮儀亦逐漸繁瑣，奢侈之風盛行。帝王的陵墓和葬禮可以耗盡傾國之財；達官貴人和富商大賈爭相攀比，喪事成了地位、權力的象徵。就連普通百姓，爲了喪事辦得風光，往往傾其所有，甚至變賣家產。繁雜的禮儀包含許多封建迷信的成分，既耗費了巨大的社會財力、物力和人力，又毒害了人們的思想。靈魂，使逝者超脫凡塵，進入神的世界。在僧人死後焚身的影響下，火葬逐步擴大到民間。唐宋時期，中原地區已經有不少人行火葬，特別是江南地區人多地少，火葬之風更盛。然而歷代的封建統治者都將儒家思想奉爲治國之道，認爲火葬是敗壞倫理道德的行爲。

目前的火化，雖然還是「逝者燒其屍」，但已不是「聚柴薪而焚之」了，而是採用專用設備，將遺體焚化變成骨灰。推行的火葬方式也革除了披麻戴孝、燒紙化錢等封建陋習，代之以戴白花、黑紗、鞠躬默哀等文明祭祀方式，火化後的骨灰採取集中寄存，近年來也積極宣導骨灰撒海、骨灰樹葬（以樹代墓）、花草葬等不保留骨灰的喪葬新風尚。

二、火化機技術的發展趨勢

中國大陸火化機技術的發展和進步也和其他技術的發展一樣，經歷了幾個發展階段：

第一階段：仿造。中國大陸火化機的製造是五、六〇年代，仿造捷克爐開始的。六、七〇年代，北京、山東、江西、四川、福建等省民政廳組織本省的力量，參照、模仿捷克爐的結構，設計和生產了一批火化機的仿製品，供當地使用。這在當時，對火葬的實行，做出了積極的貢獻。

第二階段：創新。一九八二年，瀋陽火化研究所消化、吸收了國外先進技術，經過研究和試驗，自行設計製造，一九八四年通過中國國家技術鑑定的82-B型火化機。在此後的十年時間裏，各地的火化機基本上是仿照82-B的型號製造的。主要的機型有：瀋陽的M-90型火化機、江西的Y90型火化機、北京的KHZL型火化機、湖北的3HEY型火化機、山東煙台的SDMF型火化機、山東乳山的ZLRB型火化機等。

第三階段：發展。一九九三年，瀋陽火化設備研究所和法國TABO公司合作，成立了「瀋陽升達焚化設備公司」，引進TABO爐的技術，首先

在深圳殯儀館安裝使用。隨後，根據中國大陸的實際情況，經吸收、改進、創新，設計和生產了升達牌全自動火化機。受TABO爐的啓示，中國大陸一些生產廠經過消化、吸收、改進、創新、環保，創出了品牌的火化機，如：江西南方火化機製造總公司的YQ-96型火化機、上海申東燃燒爐廠的SSD-97型火化機等。與此同時，北京八寶山殯儀館技術科與日本投資人成立了「北京京龍公司」，引進了日本台車式火化機的技術並進一步創新，生產出CH-93型火化機，在各地安裝使用。各地根據實際情況也紛紛生產出自己品牌的火化機。

第四階段：提升。科學技術的發展和創新促進了火化技術的發展和進步。現代控制技術不斷地引入到火化機的製造與生產中。一些生產廠與大專院校和科研院所合作，設計生產出更爲先進的火化機。近幾年來，一些生產廠家除了在自動控制、環保方面有所創新外，在節約能源方面也有突破性的進展：有些燃油式的平板式火化機的油耗量已經降3-5L／具；有些台車式火化機的耗油量已經降到12-15L／具，同時火化機尾氣處理系統已逐步開發出來，並被廣泛地應用在火化機煙氣處理方面，極大地減少了遺體火化過程汙染物對周邊環境的破壞。

在國外，在火化技術開發方面較早是英國，該國早在七〇年代初便開始研究遺體火化的二次燃燒技術，透過國際殯葬協會技術年會向全世界交流推廣，對全世界的火化機技術的發展和提高起到了重要作用。世界上火化率最高的日本，他們將科研與生產－科研與用戶緊密結合，建立起了科學的技術設計及實驗體系，研製出符合日本國情的間歇式火化機。由於在兩具遺體焚化之間有一個冷卻過程，所以焚化時間長，耗油量大。但他們對控制噴射火焰的強度及燃點位置，以及合理設置二次燃燒室的方法，實現了火化無煙、無塵、無臭，大大減少了對環境的汙染。法國的TABO型火化機，德國魯福曼公司生產的哈根型火化機，美國奧爾公司研究生產的火化機，都具有他們各自的很多特點。

第二節　火化機定義及工作特點

一、火化機定義

火化機是殯儀館或火葬場專門用於焚化遺體的設備。它又被稱作火化爐、焚化爐等。其結構見**圖4-1**。

火化機的功能是將遺體及隨葬物品等焚化成灰燼。從燃燒學角度來講，遺體火化過程實質是，將遺體及隨葬品經過高溫強烈氧化，達到完全燃燒，分解後，盡可能地變成無害化的成分的過程。

火化機的工作原理是：採用焚化的方式，將遺體置於用耐火材料砌築而成的封閉爐膛內，並根據其燃燒的需要，不斷供給燃料和氧，使其充分燃燒，最後焚化成灰燼的過程。

遺體屬於固體廢物，燃燒處理固體廢棄物的辦法，主要分爲直接燃

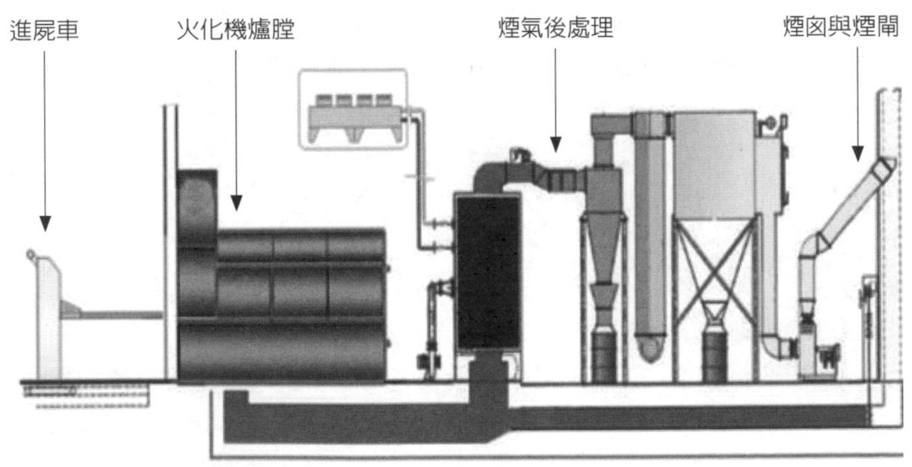

圖4-1　火化機結構簡圖

燒法、焚化法和催化燃燒法等三種。

直接燃燒法是將廢棄物品引燃，不另外加燃料，主要是利用廢棄物本身的發熱量來進行燃燒。這種燃燒方式即可在燃燒爐中燃燒，也可在露天燃燒。

焚化法是利用燃料燃燒時所產生的熱能，使其廢棄物進行分解和氧化燃燒，直至焚化完畢。目前世界各國處理遺體及隨葬品的火化機基本均是採用這種方法。

催化燃燒法是利用催化劑將廢氣中的汙染物在較低溫度下進行燃燒的方法。直接燃燒燒法和焚化法一般都要在700～1000℃時，才能使固體廢物達到完全燃燒和接近完全燃燒的要求，而催化燃燒法是使用催化劑來催化物體的燃燒，其溫度一般爲250～500℃之間。催化燃燒法主要適用於處理惡臭物質。雖然目前還沒有應用於火化機技術中，但如把此技術應用於火化機制二次燃燒的處理中，將會收到很好的效果。

二、火化機的工作特點

隨著科技水準不斷提升，許多新技術、新工藝和新標準被廣泛應用在火化機的設計、控制與操作上，同時火化機的發展還要適應人文殯葬與綠色生態環境的發展要求，故此火化機在進行遺體焚化過程具有以下幾個特點：

1.過程文明化：火化機的焚化對象是人的遺體，它與其他一般固體廢棄物（如垃圾等）的焚化的要求不同。作爲人的遺體，在焚化過程應給予人格化的尊嚴，必須進行文明火化。這就對火化機焚化過程提出了文明操作的要求。

2.結構節能化：遺體火化耗油量和耗電量都比較大，透過對現有火化設備進行一些結構的改變，就可以減少能源的消耗。還可以根據不同的環境、地點及不同操作人員的技術條件，進行適當的調節，完全可以獲得明顯的節油、減排效果。

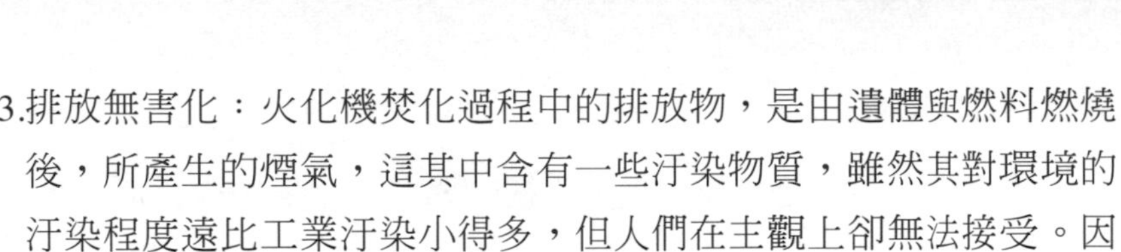

3.排放無害化：火化機焚化過程中的排放物，是由遺體與燃料燃燒後，所產生的煙氣，這其中含有一些汙染物質，雖然其對環境的汙染程度遠比工業汙染小得多，但人們在主觀上卻無法接受。因此，這就對火化機的無害化排放提出很高的要求。

4.工作安定化：遺體的焚化是在封閉的爐膛裏，進行劇烈的氧化和燃燒並分解的過程，且燃燒後所生成的煙氣對人體有害，這就要求火化機在正常工作時，不能出現煙氣洩漏的情況，因而對火化機的防火、防洩漏、防爆等要求就非常高。同時在遺體焚化過程中，如出現故障而中斷火化過程，則喪戶家屬會有很大的意見，因此對設備的穩定性和可靠性都提出了很高的要求。總的說來就是要安全、安定。

5.控制自動化：火化機每次在焚化遺體時，其燃燒情況各有不同，為了保證完全燃燒的要求，必須即時地對助燃風和燃料的供給量進行調節，而操作人員無法達到時刻準確進行手工調節的要求，因此，必須依靠電腦來進行自動控制，才能達到相應的要求，這就要求火化機的自動化程度要比較高，才能滿足工作的需要。

第三節　火化機的分類

一、火化機分類

(一)依據使用的燃料不同區分

根據火化機使用的燃料不同可分為：燃煤式火化機、燃氣式火化機、燃油式火化機和電能式火化機四種。

■燃煤式火化機

燃煤式火化機是用煤作爲火化機的燃料。燃煤式火化機曾是七〇年代中國火化機的主流產品，並爲當時處於經濟條件落後的殯葬事業的發展起到了非常大的作用。一九六六年中國民政部專門在上海南江縣舉行了64型燃煤火化機的安裝技術現場會，並向各殯葬單位進行了推廣。

採用煤作爲燃料的燃煤式火化機，因其煤燃燒後產生的灰分較多，爲了避免煤的灰分和遺體焚化後的骨灰混在一起，必須將煤燃燒的爐膛和遺體燃燒的爐膛分開；而且燃煤式火化機很難採用二次燃燒技術，對煙氣中的可燃物質進行完全燃燒，因此，也無法將含有汙染物質的煙氣進行有效的淨化，造成對周圍環境的汙染。同時，操作工人的勞動強度大，工作環境差，因此，這種燃煤式火化機不具備高自動化、無害化發展的可能性，所以已被淘汰。

■燃油式火化機

燃油式火化機是採用液體燃料作爲火化機的燃料。火化機中使用的液體燃料主要是油。中國大陸生產的燃油式火化機大都使用0#～20#號輕柴油作爲其燃料，南方有個別地方使用了RC3-10重柴油，重柴油價格比輕柴油便宜，火化成本相對要低一點，但其運動粘度大，凝度高，在北方不易使用，並且重柴油含硫量高（0.5%）、機械雜質多，給火化機消除汙染物質的排放增加了難度。因此。目前燃油式火化機主要使用的燃料爲輕柴油。

燃油式火化機因其操作方便，勞動強度小，容易實現自動化，便於採取減少或消除汙染物的措施，且燃料不受地域限制等特點，而成爲殯儀館的普及型產品。

■燃氣式火化機

燃氣式火化機是採用氣體燃料作爲火化機的燃料。火化機所使用的氣體燃料主要包括工業煤氣、天然氣和液化氣等。氣體燃料的優勢是燃燒時所產生的汙染物質極少，燃燒也十分充分，在發達國家這種火化機應用得極為普遍，但燃氣式火化機必須在有城市管道供氣系統的地方才能適用，目前中國只有上海、蘇州、重慶、大連、大慶等地採用了這種火化技術。基於燃氣式火化機具有很多突出的優點，同時又易於實現自動化和無害化，隨著中國大陸城市管道煤氣系統的普及，它將有廣闊的發展前途。

■特能式火化機

除了煤、油、氣以外，以其他能源作為熱源火化遺體的火化機稱為特能式火化機，如：離子射束、電子射束、原子射束、鐳射等高能射束，如果技術條件成熟，作為新能源完全可以引入到火化機中，成為新型燃料。隨著科學技術水準的不斷提高，相信在不遠的將來，一定能夠實現這個願望。

(二)依據火化機爐膛結構不同區分

根據火化機爐膛的結構的不同，可分為架條式火化機、平板式火化機和台車式火化機三種。

■架條式（爐條式）火化機

架條式火化機又稱爐條式火化機，是指火化機的爐膛內用來支承遺體部分，是由耐火混凝土預製件或耐火墊鋼鑄件做成的爐條架屍座，形成爐橋結構，對遺體架空進行焚化的火化機。如82B-1火化機即為此結構的火化機。

架條式火化機的優點是，架空燃燒，增大了遺體燃燒時表面積，火焰可圍繞整個遺體進行燃燒，燃燒死角很小，因而遺體焚化速度快，節約燃料，利於連續焚化，且焚化效果好。

其缺點是，如操作不精心，容易造成混灰的現象，不夠文明；爐膛較大，保溫性能比平板式火化機要差一些，且首爐升溫時間長；爐條結

構使用壽命比平板式火化機要短，且使用一段時間後，有爐條剝落物混入骨灰的現象。

架條式火化機日處理遺體量較大，比較適合單日處理遺體多的殯儀館。

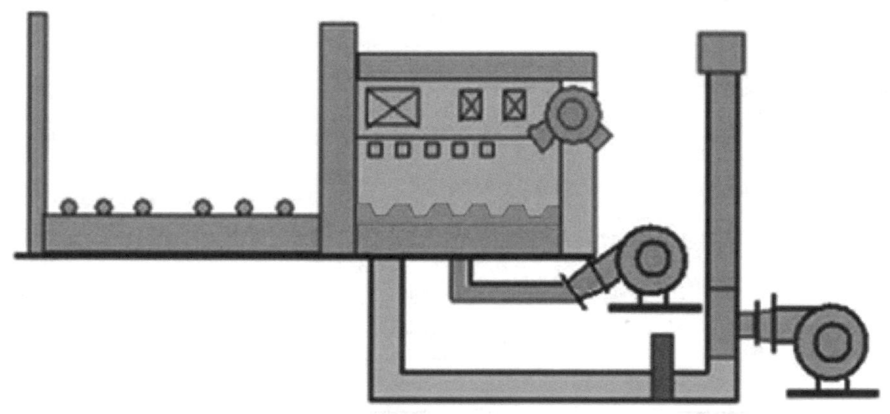

圖4-2　架條式（爐條式）火化機示意圖

■平板式火化機

平板火化機是指火化機爐膛內用來支承遺體的部分，是由耐火材料砌築而成的固定坑面的火化機，它是爐條式火化機的替代產品。

平板式火化機的優點：操作方便，便於維修，保溫性能好，首爐升溫快，不易造成混灰，符合文明火化的要求。

其缺點：遺體背部與支承平板坑面接觸形成燃燒死角，焚化效果略低，連續焚化時，單機日處理能力爲一天六具，平均燃料耗用量略高於爐條式火化機。

由於平板式火化機有操作方便、保溫性能好，且符合文明火化的要求等優點，所以它是中、低檔次火化機的主流結構。

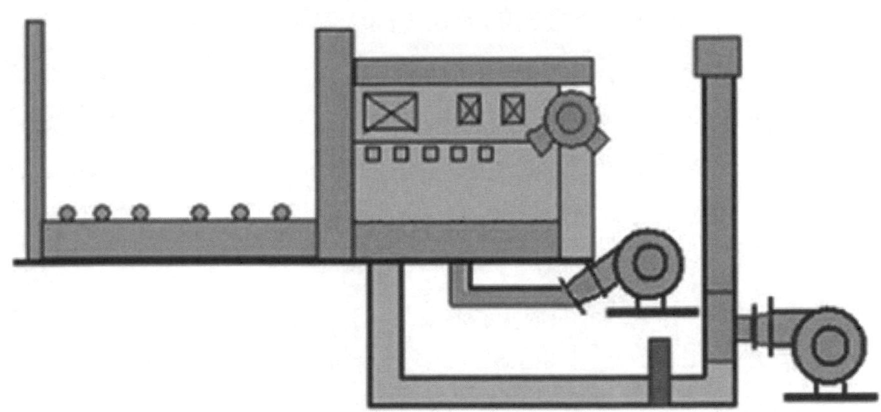

圖4-3　平板式火化機示意圖

■台車式火化機

台車式火化機是根據日本間歇式台車火化機改進和發展起來的火化機，九〇年代由北京京龍公司和江西南方火化機製造公司，在對日本東博爐的改進基礎上，研製開發了適合中國國情的連續焚化的台車式火化機。

台車式火化機的爐膛內無爐條、平板，而是將支承遺體的坑面改用耐火材料砌在進屍台車上，台車進入主燃燒室後，台車的載屍面就成了主燃燒室的坑面，焚化結束後，台車坑面載著骨灰退出主燃燒室，待台車冷卻後，再由逝者的親友親自收斂逝者的骨灰。

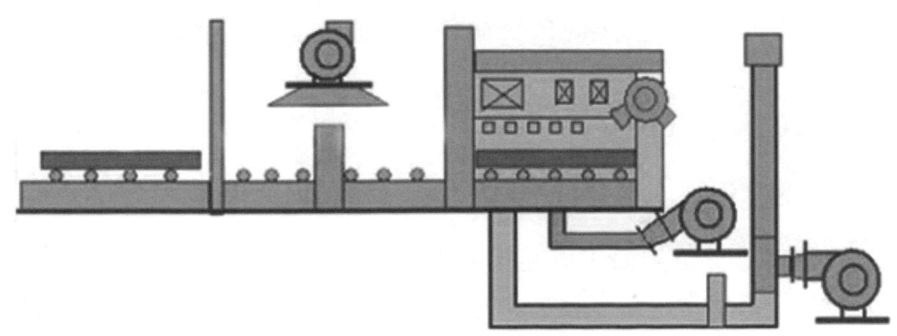

圖4-4　台車式火化機示意圖

台車式火化機根據其運動的形式不同，又可分爲間歇式和連續式兩種。間歇式每台火化機只配置一部台車，焚化結束須進行冷卻，收斂骨灰後，再載遺體進入爐膛內進行焚化，這類台車火化機日處理遺體能力很小，且火化機爐膛熱損失大，從而燃料消耗量也比較大；連續式火化機則是每台火化機配置兩台或配置一部台車兩個坑面，使之可以輪流進行進屍和冷卻，這樣，其日處理遺體能力就可增加一倍，且減少了火化機爐膛的熱損失，大大地節約了燃料。

台車式火化機在焚化遺體過程中不需翻動遺體，不會造成混灰現象，並可由親友親自收斂骨灰，寄託哀思，這些都有利於拓展殯葬業務，深化殯葬服務改革，並高度體現了文明火化的要求。現在一些經濟發達的城市，台車式火化機的普及速度很快，它基本代表了火化機爐膛結構的發展方向。

(三)依據火化機燃燒室數量區分

根據火化機燃燒室的數量不同，可分爲單燃式火化機、再燃式火化機和多燃式火化機三種。

■單燃燒式火化機

單燃式火化機是指只有一個燃燒室，未燃氣體中只經過一次燃燒後，就透過煙道和煙囱排到大氣中去。這種火化機對環境的汙染比較嚴重，在中國這種火化機是過去生產的仿捷式火化機，有燃煤的也有燃油的，這種火化機在中國殯儀館中還占有一定的比例，尤其是經濟不發達的地區，這種火化機的存在，還會有一個相當長的時期。

■再燃式火化機

再燃式火化機具有主燃室和再燃室兩個燃燒室。主燃室的燃燒對象是遺體及其隨葬品，再燃室的物件是煙氣，在主燃室火化過程中產生的未燃氣體進入再燃室時再進行燃燒。由於增加了一個燃燒室，延長了

煙氣在爐膛內的滯留時間，爲未燃氣體的充分燃燒提供了條件，大大減少了汙染物的產生，目前中國大、中城市殯儀館所使用的多爲這種火化機。

■多燃式火化機

這種火化機有兩個以上的燃燒室，一般是三個燃燒室，即主燃燒室、再燃燒室和三次燃燒室，主燃燒室燃燒對象是遺體及隨葬品，再燃燒室和三燃燒室的燃燒物件是煙氣中未燃燒物質。由於多燃式火化機增加了一次煙氣的燃燒，所以，該類火化機對煙氣中的未燃燒物質處理比較完善，排放的汙染物質比較少。

(四)依據火化機檔次區分

根據火化機的檔次分爲三種：低檔火化機、中檔火化機和高檔火化機。

■低檔火化機

凡是一次燃燒，又沒有煙氣處理設備的火化機都屬於這一檔次。其結構簡單，維修方便，造價低，但文明程度低，對環境汙染嚴重，是今後逐步改善的對象。

■中檔火化機

這一檔次的火化機設有再燃室（或兩台火化機共用一個再燃室）。二次燃燒室排出的煙氣經煙道和引射式矮煙囪排放大氣中。這種火化機汙染物的排放達到中國國家三級或二級標準，煙囪口基本沒有黑煙。

■高檔火化機

高檔火化機現有兩種形式，設有多次燃燒並有煙氣後處理設備的高檔火化機，和電腦控制全自動不帶煙氣處理設備的高檔火化機。前者有主燃室、再燃室（和三燃室），使遺體在焚化過程中產生的有毒、有害、有味氣體得到充分的燃燒，並配有煙氣換熱器、除塵器和除臭器等煙氣後處理設備，使汙染物的排放達到中國國家一級標準，排煙黑度接近林格曼0級。基本上達到無公害排放。但這種火化機體積龐大，價格昂貴。後者利用電腦實行焚化全過程的自動化控制，也沒有再燃室，盡可能使燃燒的各個階段處於最佳狀態。這種火化機的汙染物排放可以達到中國國家二級標準，沒有明顯的黑煙和異味。這種火化機小巧美觀，對環境汙染少，但其電腦控制部分價格高，有些電氣控制元件靠進口，因而維修困難。

二、火化機主要參數

火化機的技術參數是評價火化機技術水準和使用性能的主要標準，也是檢驗產品品質的主要依據。下面以燃油式火化機爲例，說明一下技術參數基本情況：

燃油式火化機有以下主要技術參數：

火化時間：單台火化機火化每具正常遺體平均所需時間，單位爲min／具。台車式火化機火化時間不應大於90min／具；其他形式火化機的火化時間不應大於60min／具。

耗油量：火化機火化單具遺體平均消耗的燃油量，單位爲kg／具。台車式火化機耗油量不得超過35kg／具，其他形式的火化機耗油量不得超過25kg／具。

主燃室工作溫度：600～1000℃。

再燃室工作溫度：400～800℃。

主燃室工作壓力：-10～-30Pa。

爐表溫度：30～40℃。

保溫性能：停爐12小時後，不低於400℃。

班火化率：8～12具／班。

最小無故障間隔：100h。

中修期：火化3,000具以後。

火化機使用壽命：不小於15,000具。

電氣總容量：小於15KW。

火化機總重量：小於18T。

第五章

遺體火化原理

本章重點

1.掌握燃燒學的基本理論及分類
2.掌握固體、液體和氣體燃料的特點及燃燒過程
3.掌握火化機常用燃料的性質及種類
4.掌握熱量傳遞三種方式的特點

第一節　燃燒原理

一、燃燒學理論

燃燒是兩種（或多種）物質起強烈的氧化反應而伴隨有強烈的發光、發熱等現象。火化機中的燃燒主要是氣體、液體或固體燃料與遺體之間產生的強烈的氧化反應而形成的，在燃燒的過程中一般都伴隨熱的傳遞、流動和化學反應等綜合現象。具體來說，在火化燃燒過程中，主要進行的化學反應，包括：

1.氫的燃燒：$2H_2+O_2=2H_2O+Q$

2.碳的燃燒：$C+O_2=CO_2+Q$　$2C+O_2=CO+Q$

3.硫的燃燒：$S+O_2=SO_2+Q$

4.氮的燃燒：$N_2+O_2=2NO_2+Q$

5.鈣的燃燒：$Ca+O_2=CaO_2+Q$

6.烴的燃燒：$CmHn+(m+n/4)O_2=mCO_2+n/2H_2O+Q$

在完全燃燒過程中，主要生成物是：二氧化碳、水、硫氧化物、氮氧化物等。

在燃燒不完全時，還伴隨著生成一氧化碳、氨氣、硫化氫、硫醇、硫醚等汙染物；有時生成一些有害汙染物，如：苯並芘、二噁英（又稱戴奧辛）等致癌物。

遺體燃燒是多種物質經過共同氧化反應後，形成大量的化合物並釋放出大量的熱的過程，其主要表現爲高溫和煙塵等。

二、燃燒條件

並非一切可燃物質在任何條件下都能燃燒，從燃燒學的角度來講要使物質燃燒，必須具備以下三個條件：

1.有可燃物質存在。如煤、木材等，如沒有可燃物質，就談不上燃燒的存在。
2.有助燃物質存在。如氧、氫等助燃氣體。可燃物質在進行氧化反應的同時，需外界維持供給量，才能維持燃燒。
3.有能導致燃燒的能源。這些能源的開工有火源、電火花、壓力等等。

三、3T理論

在燃燒技術的實踐中，人們總結了實現充分燃燒、合理燃燒的幾個重要條件：第一要具備最佳的燃燒溫度（Temperature）；第二，要有足夠的燃燒時間（Time）；第三，要有適當的火焰湍流程度（Turbulance），取其英文詞頭的大寫字母，即3T，這三個重要條件被稱爲3T理論。

四、燃燒的分類

(一)按可燃物質性質不同區分

燃燒按可燃物質的性質不同，可分爲固體燃料（煤、木材等）燃燒、液體燃料（汽油、柴油等）燃燒和氣體燃料（液化石油氣、天然氣、城市煤氣等）燃燒三種。

(二)按燃燒形式不同區分

燃燒形式分為：擴散燃燒、分解燃燒、蒸發燃燒、表面燃燒。

■擴散燃燒

甲烷、氫氣等可燃性氣體，由噴嘴噴到空氣中，與空氣混合時先燃燒，隨後靠周圍介質擴散來的氧氣維持燃燒。

■分解燃燒

木材、煤等固體燃料或高沸點的液體燃料，由於受熱分解出可燃性氣體，遇火則產生火焰，該火焰又加熱使燃料進一步促進其分解以維持燃燒。

■蒸發燃燒

對於醇類、煤油、石蠟等液體燃料，由蒸發產生的蒸氣遇火而產生火焰，該火焰加熱液體的表面又促進了液體的蒸發，則形成持續燃燒，如酒精燈、煤油燈和硫黃、松香等燃燒。

■表面燃燒

木炭燃燒，由於熱分解而引起炭化，生成無定形固體，表面部分接觸空氣，遇火時產生燃燒。

(三)按氧化速度不同區分

按氧化速度不同分為：閃燃、自燃和化學爆炸等。

■閃燃

任何一種液體的表面上都有一定數量的蒸氣，而蒸氣濃度則決定於該液體所處的溫度。在一定溫度下，易燃、可燃液體表面所產生的蒸氣，達到一定的濃度，與空氣混合後，一遇火源，就會發生一閃即滅的

燃燒，這種燃燒現象叫閃燃。能產生閃燃的最低溫度叫閃點。

■自燃

無明火作用而自行燃燒的現象叫自燃。自燃又可分往爲受熱自燃和本身自燃。

1.受熱自燃：是由於外界加熱達到自燃點而引起的自行燃燒現象。如可燃物質在加熱烘烤和熱處理中或受熱磨擦、輻射熱、化學反應、壓縮熱的作用所引起的燃燒都屬於受熱自燃。
2.本身自燃：是可燃燒物質由於生物、物理、化學的作用發熱達到自燃點而引起的燃燒，如煤的自燃、硫化鐵的自燃等現象。

■化學爆炸

可燃物質在化學作用下發生的反應，從而產生燃燒。

五、可燃物質的實際燃燒過程

可燃性物質主要燃燒過程，在這裏主要討論三種常見的可燃物質的燃燒情況，主要包括固體燃料、液體燃料和氣體燃料的燃燒過程，這也是當前火化機中常見的燃料燃燒過程。

(一)固體燃料的燃燒過程

火化機固體燃料一般主要是指煤和遺體。固體燃料的燃燒過程，實質是固體燃料中的可燃成分與空氣中的氧氣，發生強烈的化學反應的過程。一般這個過程可分爲三個階段：著火階段、燃燒階段、燃燼階段。這裏以煤爲例來說明這三個階段進行的過程。

■著火階段

煤投入火化爐內加熱到100℃時，煤中的水分基本蒸發完畢，在加熱到271-300℃時可產生硫化氫氣體，在溫度達到600-700℃時，煤中揮發成分和氧氣絕大部分已逸出，在700℃以上，揮發物已全部逸出。本階段的特徵是使煤受熱、乾燥，以及揮發物的分解。這個階段主要是「吸熱」爲主，不需要提供氧氣。這個階段固體燃料的著火溫度取決於固體燃料中所含揮發物多少來決定，揮發物與著火溫度成正比，如煤的著火溫度爲700-800℃之間。

■燃燒過程

著火階段結束後，開始進入燃燒階段。此時煤中揮發物和焦碳因達到一定的溫度，而開始進行急劇的燃燒。這個階段的特徵是揮發物和碳進行急劇的燃燒後，將放出大量的熱量，這時需要外界供給足夠的空氣量，以保證燃燒能充分進行。

■燃燼階段

固體燃料經過燃燒後，絕大部分物質都變成了灰渣，其中灰渣中還殘留了一些焦碳和其他一些可燃物質，這些物質在這個階段中將繼續燃燒，直至燃燼。這個階段的特徵是燃燒微弱，所需空氣量相應減少。

由於燃燒過程比較複雜，以上三個階段不可能明顯進行區分，甚至有時這三者之間還可以相互交叉進行，所以，燃燒過程處於哪個階段，並不能一概而論，要視具體情況而定。

(二)液體燃料燃燒過程

液體燃料是目前火化機使用最多的燃料，常見的液體燃料包括天然液體燃料如石油及加工產品，人造燃料如煤、油葉岩提煉出來的燃料油等。石油透過分餾或裂解，獲得汽油、柴油、重油、煤油、渣油等燃料。考慮單位燃料燃燒產生的熱量及價格等因素，火化機中的液體燃料

一般採用輕柴油。

液體燃料根據其在著火燃燒前發生蒸發與氣化的特點，可將其燃燒分為：

■液面燃燒

液體燃料表面有熱源或火源，使液體表面蒸發，當燃料蒸氣與周圍空氣形成一定濃度的卡然混合氣，並達到著火溫度時，便可發生液面燃燒。如果燃料蒸氣與空氣混合不良，則將導致燃料嚴重裂解，其中的重成分不發生燃燒反應，會產生大量黑煙嚴重汙染環境，例如油罐火災、海面浮油火災等。

■燈芯燃燒

燈芯燃燒是利用燈芯將燃油抽吸出來，在燈芯表面生成油蒸氣，油蒸氣和空氣混合發生燃燒，如煤油爐、煤油燈等。

■預蒸發型燃燒

燃料進入燃燒空間之前蒸發為油蒸氣，以不同比例與空氣混合後，進入燃燒室中燃燒。燃燒方式與氣體燃料燃燒原理相同。適合於黏度、沸點不高的輕質液體燃料，例如汽油機裝有汽化器，燃氣輪機裝有蒸發管。

■噴霧型燃燒

液體燃料透過噴霧器霧化成一股由微小油滴組成的霧化錐氣流，在霧化的油滴周圍存在空氣，當霧化錐氣流在燃燒室被加熱，油滴邊蒸發，邊混合，邊燃燒。動力行業多採用此種燃燒方式，是工程實際中主要的液體燃料燃燒方式。

根據火化機工作要求，其輕柴油的燃燒一般都是採用噴霧型燃燒。液體燃料的噴霧型燃燒過程可為分三個階段：油的霧化、油滴的蒸發和油滴的燃燒。

・油的霧化

用霧化器將燃油分裂成許多微小而分散的油滴，以增加燃油單位品質的表面積，使其能和周圍空間的氧化劑更好地進行混合，在空間達到迅速和完全的燃燒。霧化的方法可分爲機械式霧化和介質式霧化。

A.霧化過程

從**圖5-1(A)**中可以看出，燃油從噴嘴噴出時形成油流，由於初始湍流狀態和空氣對油流的作用，使油流表面發生波動，在外力作用下，油流開始變爲薄膜並被碎裂成細油滴。從**圖5-1(B)**可看出，已分裂出的油滴在氣體介質中還會繼續再分裂。油滴在飛行過程中，受外力（油壓形成的推進力、空氣阻力和重力）和內力（內摩擦力和表面張力）作用，只要外力大於內力，油滴便會產生分裂。直到最後內力和外力達到平衡，油粒不再破碎。

B.霧化方法

1.機械式霧化：燃油在高壓下透過霧化片的特殊機械結構將燃油霧化，通過噴油嘴噴出。按該原理工作的霧化器有：直流式、離心式和轉杯式。霧化後的油滴直徑隨霧化器內油壓的增大而減小，即$P_{轉}>P_{離}>P_{直}$。

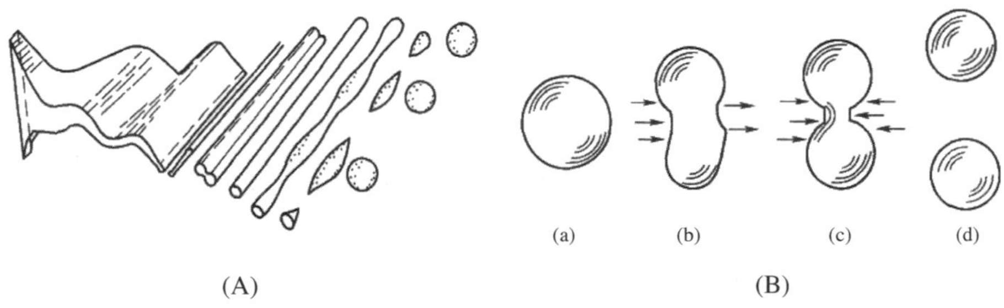

圖5-1　油的霧化過程

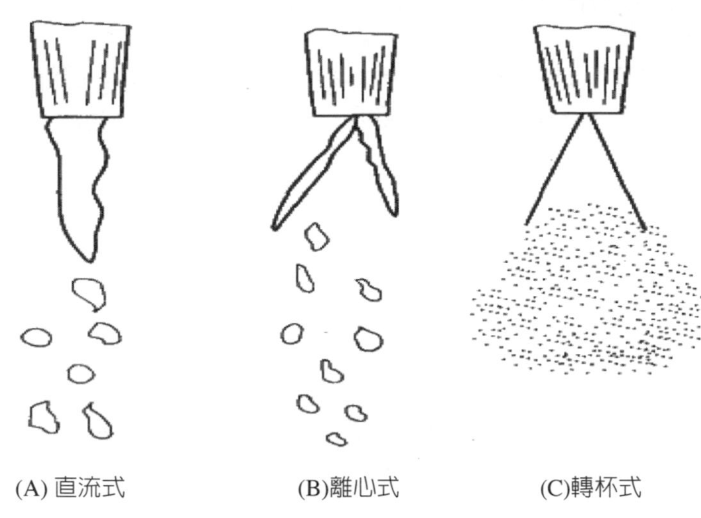

圖5-2　機械式霧化

2.介質式霧化：燃油靠附加的霧化介質（蒸氣或壓縮空氣）的能量來霧化的。根據其壓力的不同，分為高壓霧化、中壓霧化和低壓霧化。

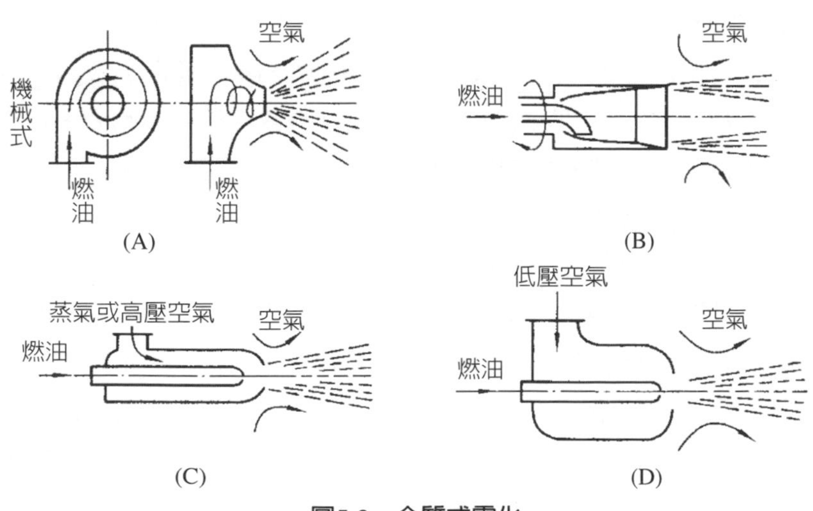

圖5-3　介質式霧化

・油滴的蒸發

油滴的蒸發是一個很複雜的問題，在蒸發過程中，油滴直徑、油滴相對於氣流的運動速度、換熱係數、油滴溫度與其相應的飽和蒸氣壓力、油滴表面與周圍氣體間的溫差、油氣擴散條件以及其他因素都同時在發生變化。

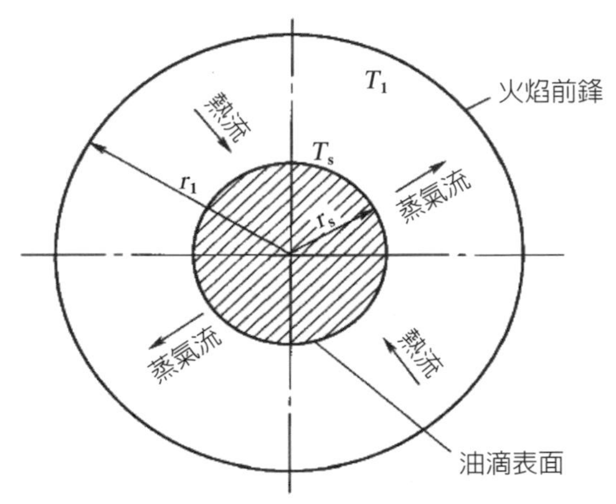

圖5-4　高溫下油滴的蒸發

・油霧的燃燒過程

油霧的燃燒過程大致分爲**圖5-5**所示幾個階段：霧化、蒸發、熱解和裂化、混合、著火，但各階段之間是相互聯繫、相互制約的。在火焰中，各個階段之間並不存在明顯的界限。

大多數油滴在燃燒室中邊蒸發、邊混合、邊燃燒，在油滴表面附近形成一個球形火焰面，在火焰面上蒸氣與空氣相遇而進行燃燒。如果油滴和周圍氣體之間沒有相對運動，那麼在油滴的周圍形成一同心的球狀擴散火焰，稱爲全周焰。當油滴與周圍氣體之間有相對運動時，火焰形狀變爲橢圓形，而且隨著氣流速度增大，橢圓形火焰會沿著氣流方向被拉長，當速度繼續增大，火焰首先會在油滴的迎風面上熄滅，然後漸向油滴後方轉移，直到油滴尾部某個位置爲止，形成所謂後流焰。

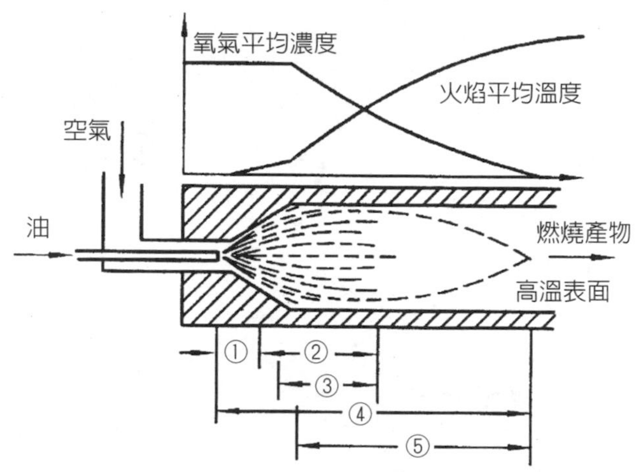

①霧化；②蒸發；③熱解和裂化；④混合；⑤著火，形成火焰

圖5-5　油霧炬燃燒示意圖

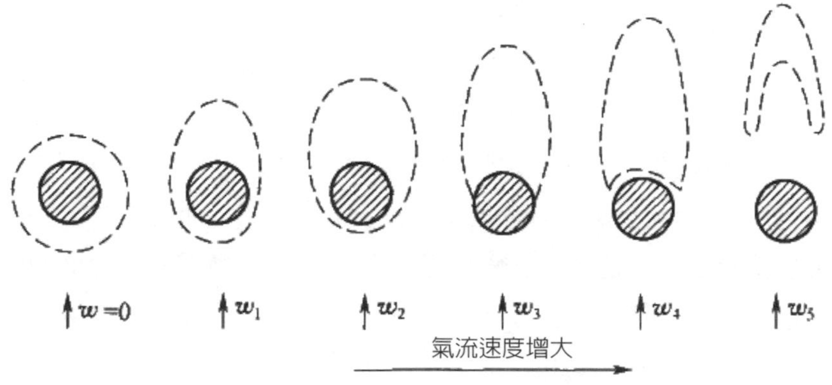

圖5-6　油滴燃燒時產生全周焰與後流焰

一顆油滴燃燒完全所需的時間與其直徑的平方成正比，其計算方式如下式，燃燒時間與油滴的直徑關係爲**圖5-6**所示，即爲直徑平方一直線定律。

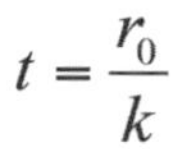

$$t = \frac{r_0}{k}$$

式中：r_0＝油滴直徑

K＝燃燒常數

t ＝油滴燃燒時間

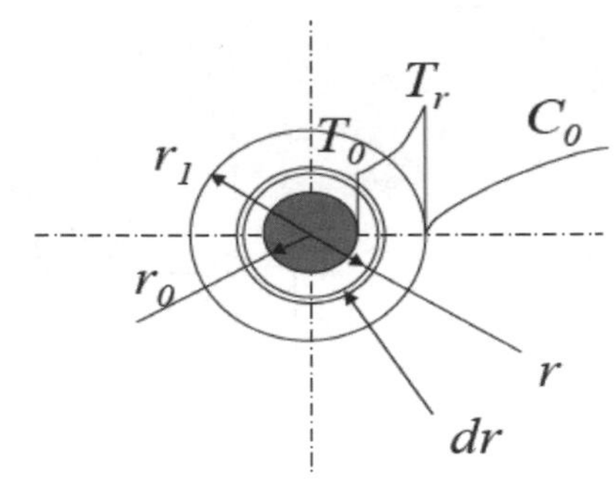

(三)氣體燃料的燃燒過程

氣體燃料要選用合適的燃燒器才能取得良好的燃燒效果。

一般在火化爐中使用的燃燒器主要有火爐燃燒器、擴散燃燒器和無焰燃燒器等多種燃燒器，其中以無焰燃燒器的效果最好。

氣體燃燒過程比較簡單，關鍵是在燃燒過程中要保持氣體供應的穩定性，要注意防止脫火與回火現象的發生。

所謂脫火是指火焰受到影響，離開火孔而造成熄火的現象。造成脫火的原因很多，一般來講空氣量過大或可燃氣體增加，氣體流速超過燃燒量允許的極限值，以及燃燒器位置不當等原因都可能造成脫火。

所謂回火是指當可燃氣體與空氣混合時，在燃燒面上速度小於火焰傳播的速度，火焰可能產生反擊，退縮到火孔內，這種現象就稱作回火。

脫火和回火現象都是十分有害的，嚴重的可能會發生爆炸事故。因此，在操作中一定要防止這兩種現象的發生。

以上是固體、液體和氣體三種燃料的燃燒過程的簡介。在實際操作中，往往在同一爐膛中是多種燃料共存燃燒的過程，所以要根據實際的操作情況，對各種供給量進行合理的配置，以達到最佳燃燒效果，提高可燃物質的燃燒速度。

可燃物質在實際燃燒過程中，影響物質燃燒速度的因素主要有以下幾個方面：

1.相同可燃固體物質的燃燒速度取決於燃燒表面的比例；燃燒表面積對體積的比例越大，它的燃燒速度就越大。
2.物質的燃燒速度取決於其組成成分；物質中含碳、氫、硫、磷等可燃性元素越多，燃燒的速度越快。
3.物質燃燒速度與其氧化功能有關；氧化功能越大者，燃燒速度越快。

六、火化機爐膛內熱的傳遞方式

火化機內熱的傳遞主要是在利用燃料燃燒時產生的高溫，將遺體和隨葬品一併焚化，使其產生的煙氣和煙塵從煙氣輸出系統中排出。

火化設備的燃燒方式根據燃料的不同有兩種類型：採用固體燃料的火化機使用爐排（也稱爐床）燃燒；用氣體或液體燃料的火化機採用空間燃燒方式。

焚化物的加熱速度與爐膛內熱交換（熱傳遞）過程有密切的關係，爐膛內熱傳遞有三種基本形式：傳導傳熱、對流傳熱、輻射傳熱。

(一)傳導傳熱

傳導傳熱是指溫度不同的物體直接接觸而產生熱交換的現象，如焚化遺體與已加熱的爐膛內襯構件之間的接觸所產生的熱交換現象等。

(二)對流傳熱

對流傳熱是指爐膛內灼熱的氣流與焚化物表面接觸，產生流動時，所發生的熱交換現象。在火化機爐膛內主要包括爐氣各部分發生位移所產生的對流作用和爐氣分子間的導熱作用。在火化設備爐膛內主要有強制對流和自然對流兩種對流傳熱方。強制對流是指爐氣受煙囪的自然抽力和鼓風機、引風機加壓所產生的對流運動，稱爲強制對流；自然對流是指由於爐膛內存在溫差、氣體的比重不同，而產生的對流運動，稱爲自然對流。

(三)幅射傳熱

幅射傳熱是物體熱射線的傳播過程，物體溫度越高，其熱的幅射能量就愈大。在火化機中主要表現爲燃料燃燒和遺體焚化過程中，所產生火焰的光線進行的熱幅射。

在火化機的爐膛內的三種熱傳遞中，以幅射傳熱爲主，對流傳熱次之，傳導傳熱輔之。爐膛內的熱量主要透過這三種方式在火化機的內部進行傳播，以滿足遺體焚化過程中對熱的需要。

第二節　常用燃料

燃料是指透過燃燒獲得大量熱能，能夠爲人們以各種方式所利用的可燃物質。火化機透過燃料的燃燒，所釋放出來的熱量，達到焚化遺體的目的。

燃料按物態爲固體、液體、氣體三種；按獲得方式不同，可分爲天然燃料和人造燃料兩種。**表5-1**爲燃料的一般分類情況。

表5-1　燃料的一般分類

燃料物態	天然燃料	人造燃料
固體燃料	木柴泥、泥煤、褐煤、無煙煤、油頁岩	木柴、焦碳、粉煤、煤磚（餅、球）
液體燃料	石油	汽油、煤油、柴油、香油、渣油、酒精、煤焦油
氣體燃料	天然氣	高爐煤氣、焦爐煤氣、發生爐煤氣、石油裂解液化氣、沼氣、地下液化氣

火化機常用的燃料有固體燃料、液體燃料和氣體燃料三種。

一、固體燃料

天然固體燃料分為木質燃料和礦物質燃料，而礦物質燃料主要煤。煤是現代工業熱能的主要來源。

(一)煤的種類

根據生物學、地質學和化學的研究，煤是由古代植物演變來的，中間經過了漫長而複雜的變化過程。根據煤演變的年齡，可將其分為四類：泥煤、褐煤、煙煤、無煙煤。

1.泥煤：形成的時間大約在一百萬年前。泥煤的質地疏鬆，吸水性強，水分含量高達85-90%，開採後風乾，水分含量達25%-30%，與其他煤相比，化學組成上泥煤含氧量最高，達28-30%。泥煤的主要用途是燒鍋爐和做氣化原料。

2.褐煤：形成的時間大約在一百二十萬年前。褐煤的粘結性弱，極易氧化和自燃，吸水性較強，揮發份高，熱穩定性差。天然狀態含水30-60%，開採風乾後也達10-30%，含氧量最高，達15-30%。褐煤一般只能做地方性燃料使用。

3.煙煤：形成的時間大約在一億年前。煙煤是一種碳化程度較高的煤。其密度較大，吸水性較小，含碳量較大，氫和氧的含量少，是冶工業和動力工業不可缺少的燃料。

4.無煙煤：形成的時間大約在兩億年前。無煙煤是礦物程度最高的煤。其年齡最老，密度大，含硫量大，揮發分極少，組織緻密而堅硬，吸水性小，適於長途運輸和長期儲存。可用作所氣化或在小高爐中代替焦碳使用。

(二)煤的化學組成

各種煤都是由結構極其複雜的有機化合物組成的。這些化合物的分子結構至今不清楚。根據元素分析，煤的主要可燃元素是碳，其次是氫，並含有氧、氮、硫等。這些成分叫煤的可燃質。此外，水分（W）和灰分（A）叫煤的不燃質。一般情況下，主要是根據煤中C、H、O、N、S、灰分（A）和水分（W）的含量來瞭解煤的化學組成。

(三)煤的性能

各種煤的性能見**表5-2**所示。

表5-2　煤的性能

性能	成煤年齡	煤化程度	揮發份	反應性	含水分	含C量	含HO量	密度	機械強度	熱值
泥煤 褐煤 煙煤 無煙煤	年輕 ↓ 年老	低 ↓ 高	高 ↓ 低	好 ↓ 差	高 ↓ 低	低 ↓ 高	高 ↓ 低	低 ↓ 高	差 ↓ 好	低 ↓ 高

二、液體燃料

(一)燃油的種類

根據加工工藝流程，燃料油可以分爲常壓燃料油、減壓燃料油、催化燃料油和混合燃料油。常壓燃料油指煉油廠常壓裝置分餾出的燃料油，透過直餾法將原油分餾爲汽油、柴油、煤油等，如**圖5-7**所示；減壓燃料油指煉油廠減壓裝置分餾出的燃料油，如**圖5-8**所示；催化燃料油指煉油廠催化、裂化裝置分餾出的燃料油（俗稱油漿）；混合燃料油一般指減壓燃料油和催化燃料油的混合。

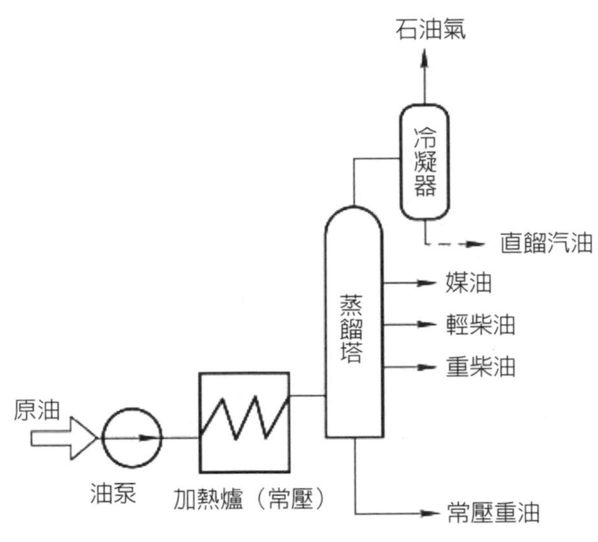

圖5-7　直餾流程圖

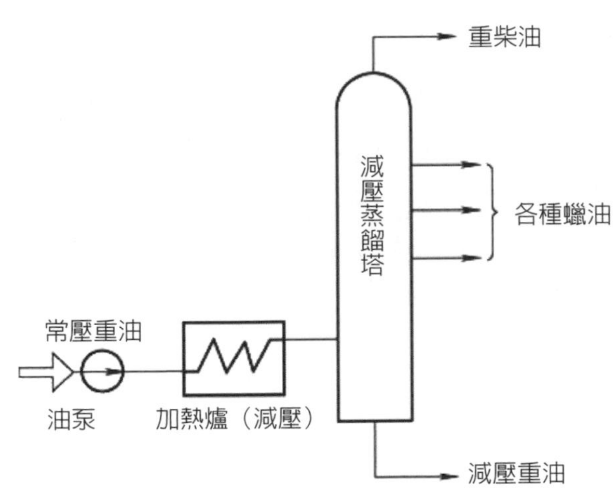

圖5-8　減壓蒸餾流程圖

根據用途，燃料油可以分爲船用燃料油、爐用燃料油及其他燃料油，火化設備目前所用的燃料油一般爲0#～-35#輕柴油。在原油的加工過程中，較輕的組分先被分離出來，在汽油、煤油、柴油從原油中分離出來之後，較重的剩餘產物經裂化後分離出的成分作爲燃料油使用，燃料油廣泛用於船舶鍋爐燃料、加熱爐燃料、冶金爐和其他工業爐燃料。

(二)燃料油的主要特性

燃料油的主要技術指標有粘度、含硫量、閃點、水、灰分和機械雜質等。

■相對密度

相對密度是烴類燃料的一個很重要的物理參數。其定義是：把20℃時油的密度（單位體積內物質的品質）與4℃時純水的密度之比值稱爲該油的標準相對密度，用符號d表示；其是無量綱的值。

■粘度

粘度是衡量燃料油流動阻力的一項指標，粘度越低，流動性能越好。表示粘度的方法一般有以下三種：

1. 動力粘度（μ）：亦稱絕對粘度。在流體中，兩個面積爲10cm，相距lcm的兩層液面，以lcm／s的相對速度運動時，液面間產生的內摩擦力即爲動力粘度，單位是Pa·s。
2. 運動粘度（Yo）：液體的動力粘度與其同溫度下的密度（P）之比，稱爲運動粘度。即Y_0=（m’s）可按GB／265-83國家標準測定。
3. 恩氏粘度（E）：是一種條件粘度，即用某種粘度計在規定的條件下測得的粘度。用200ml溫度爲t（℃）的燃料油透過恩氏粘度計的標準容器全部流出所用的時間與同體積的20℃的蒸餾水由同一標準容器中流出時間之比，稱爲該油在t℃時的恩氏粘度。

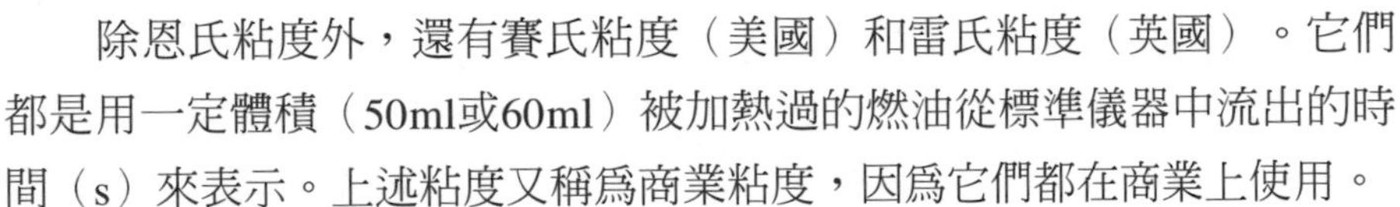

除恩氏粘度外，還有賽氏粘度（美國）和雷氏粘度（英國）。它們都是用一定體積（50ml或60ml）被加熱過的燃油從標準儀器中流出的時間（s）來表示。上述粘度又稱爲商業粘度，因爲它們都在商業上使用。

燃油的粘度與溫度有關，隨溫度升高而降低。燃油的粘度與壓力也有關，壓力較低時（1-2MPa）可以不計；壓力較高時，粘度隨壓力升高而變大。

■閃點、燃點、著火點

任何一種液體的表面上都有一定數量的蒸氣，當燃油被加熱時，在油的表面上出現油蒸氣，油溫越高，油蒸氣越多，因此，油表面附近空氣中的油蒸氣的濃度也就越大，當空氣中的蒸氣濃度大到遇到小火焰就能使其著火燃燒時，出現瞬間的藍色閃光，此時的油溫則稱爲油的閃點。

如果提高燃油溫度，氣化的油氣遇到明火能著火持續燃燒（不少於5秒鐘）的最低溫度叫做燃點。燃點要高於閃點10-30℃。繼續提高油溫，油表面蒸氣自己會燃燒起來，這種現象叫自燃，此時的油溫叫著火點。

閃點、燃點、著火點是使用液體燃料時必須掌握的性能指標，它關係到用油的安全技術和燃燒條件的選擇。例如，儲油罐中油的溫度應控制在閃點之下，以防發生火災，燃燒室中的溫度不應低於著火溫度，否則不易著火，不利於完全燃燒。

■凝固點

凝固點是指當溫度降低到某一値時，燃油變得很稠，以致使盛有燃油的器血傾斜45°角時，其中燃油油面在一分鐘內可保持不動；凝固點越高，低溫流動性越差，當溫度低於凝固點時，燃油就無法在管道中輸送。

油的凝固點與它的組成有關，重質油較高，輕質油較低。重質油凝固點一般在15-36℃，柴油則在-35-20℃。根據國家標準，柴油是按其凝

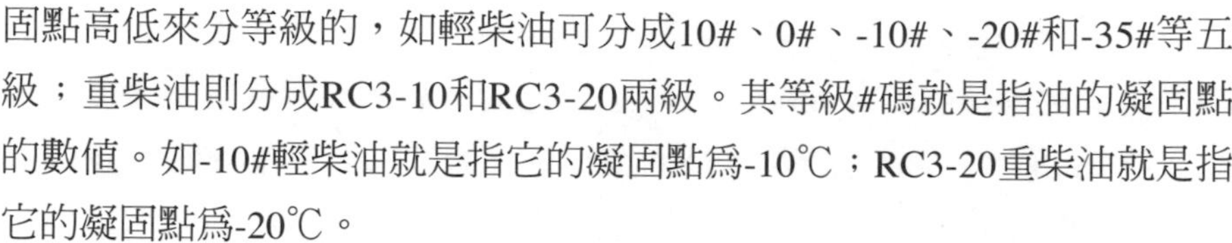
固點高低來分等級的，如輕柴油可分成10#、0#、-10#、-20#和-35#等五級；重柴油則分成RC3-10和RC3-20兩級。其等級#碼就是指油的凝固點的數值。如-10#輕柴油就是指它的凝固點爲-10℃；RC3-20重柴油就是指它的凝固點爲-20℃。

■殘碳量

殘碳量是液體燃料的一個很重要的指標。殘碳率係指燃油在隔絕空氣的條件下加熱，蒸發出油蒸氣後所剩下的固體碳素（以品質百分比表示）。殘碳率越高，則火焰裏力度越高，火焰輻射能力強。但含碳率高的燃油在燃燒時易析出固體碳粒而難以完全燃燒，易在噴嘴出口處造成霧化不良，引起積碳、結焦，影響正常燃燒過程。

目前，我國使用的柴油理化性狀見**表5-3**。

表5-3　柴油的理化性能

<table>
<tr><th rowspan="2">牌號</th><th colspan="2">粘度（20）</th><th rowspan="2">殘碳
不大於%</th><th rowspan="2">硫含量
不大於%</th><th rowspan="2">閃點
不低於</th><th rowspan="2">凝固點
不高於</th></tr>
<tr><th>思氏（E）</th><th>運動（黑拖）</th></tr>
<tr><td>10</td><td rowspan="2">1.2－1.7</td><td rowspan="2">3－8</td><td>0.4</td><td rowspan="5">0.2</td><td rowspan="4">65</td><td>10</td></tr>
<tr><td>0</td><td rowspan="4">0.3</td><td>0</td></tr>
<tr><td>-10</td><td rowspan="3">1.15－1.47</td><td rowspan="3">2.5－8</td><td>-10</td></tr>
<tr><td>-20</td><td>-20</td></tr>
<tr><td>-35</td><td>50</td><td>-35</td></tr>
</table>

火化機較普遍使用輕柴油作爲液體燃料，少數火化機使用重柴油。

輕柴油的特點是點火容易，便於調節和控制，不需加熱可直接使用。輕柴油以其凝固點作爲牌#。

火化機較常用0-10#輕柴油，燃油著火溫度爲500-600℃，其火焰傳播速度爲 2.3m/s，低發熱量一般爲40000-42300kj/kg（9600-10100 kcal/kg）。

三、氣體燃料

中國火化爐常用的氣體燃料有城市煤氣、天然氣、液化石油氣。

城市煤氣大多數爲煉焦煤氣，發生爐煤氣和油裂化氣，按比例混合配製而成。由於成分不同，各地煤氣含量也各有差異，但主要成分無外乎由一氧化碳、烷、碳氫化合物、氫氣等物質組成。

天然氣是優質工業燃料，其燃燒方便，效率高，更可貴的它又是重要的化工原料。

天然氣的主要成分爲甲烷，容積比爲80-98%，其次爲乙烷、丙烷及少量其他氣體，熱量爲33500-37700 kj/m^3。

由於天然氣的使用受到產地的局限，因此火化爐用天然氣作爲燃料應局限於天然氣產區爲宜。隨著中國西氣東送的工程動工，中國火化機採用天然氣作爲燃料，不久即將得到實現。

液化石油氣又稱壓縮煤氣，是開採石油的油氣經加壓成液體，使用時壓力降低轉變爲煤氣供燃燒使用。其主要成分爲丙烷（約80%）、丁烷（約20%）的混合氣體。低發熱量爲96000-105000kg/m^3，常溫下液氣共存壓力爲0.8-1.6 MPa，燃燒溫度爲2100℃，空氣需要量23m^3，每1kg液化石油氣可轉化0.5m^3油氣。

第三節　遺體組成及燃燒階段

一、遺體及隨葬品的化學組成

火化是採用專用設備焚燒遺體變成骨灰的過程，燃燒是一種劇烈的氧化反應，遺體是一個複雜的有機體，主要由脂肪、蛋白質等有機化合物和各種礦物質等無機物質組成。組成人體的物質大部分是複雜的大分子，有些分子結構式至今尚未完全清楚，但主要物質透過化學分析已經確定，它們是：蛋白質、脂肪、糖、水及無機鹽等，其含量見**表5-4**。

表5-4　遺體中主要化學物質的含量

化學物質名稱	品質（kg）	百分含量（%）
蛋白質	11	18.3
脂肪	9	15
糖類	0.3	0.5
水	36	60
無機鹽	3	5
其它	0.7	1.2

(一)人體主要物質的理化特性

■蛋白質

蛋白質是生命的基礎，也是生物體構成的主要物質，是由氨基酸分子組成，有二十多種氨基酸；氨基酸中有氨基，氨基中含有氮，故人體中含氮較多。

■脂肪

脂肪是人體的燃料。在人體內儲量很大，占體重的10-20%，儲量最多的部位是皮下和腹腔內的大網膜。

■醣類（碳水化合物）

醣類是人體生命的主要燃料。在人體內進行生物氧化，產生CO_2和H_2O並放出能量，供人體組織利用。醣類和脂肪是可燃物質，在火化過程中能放出大量的能量。

水

水是養料和氧運輸的載體。在人體組織中占60%，年齡越小所含百分比越高。

人體內水分分三部分：(1)細胞內液即細胞內的水分，約占血液的45%；(2)組織間液存在於細胞的間隙裏，約占血液的11%；(3)血漿中的水分，約占血液的40%。

由於人體內水分含量很高，火化過程中需要很多燃料引燃，而且生成的煙氣中，水蒸氣含量也較高，因此，煙氣的露點較高，很容易結露，凝結的水珠吸附在煙道壁上，再吸收酸性氣體，腐蝕設備。

■無機鹽

人體中含有多種無機礦物質，如Ca、Fe、Mg和其他金屬元素一百多種，在火化過程中形成氧化物，不影響火化。

(二)衣物及其他隨葬品的組成成分

衣物及其他隨葬品的組成成分包括：

1.天然高分子化合物：棉花、羊毛、蠶絲、皮革等。
2.化學合成高分子化合物：尼龍、腈綸、維綸、氯綸、丙綸、橡膠。
3.其他有機物和無機物：紙張、金屬和非金屬物質。

上述物質除水分、無機物外，它們的分子結構都很複雜，但是，組成這些分子的基本化學元素卻非常簡單，都是由C、H、O、N、W、A等組成的。其中灰分是金屬和非金屬的氧化物。根據數理統計結果，確定了人體與隨葬品的化學組成元素，按人體六十公斤計算，隨葬品爲五公斤，得到**表5-5**統計結果。

表5-5　遺體隨葬品的化學元素的百分含量

化學元素重量		碳（C）	氫（H）	氧（O）	氮（N）	硫（S）	水分（W）	灰分（A）	合計（%）
遺體	重量（kg）	10.8	1.74	2.01	1.8	0.15	38.4	2.1	60
	百分比（%）	18.0	2.9	8.35	3.0	0.25	64	3.5	100
隨葬品	重量（kg）	2.50	0.25	1.25	-	-	0.75	0.25	5.0
	百分比（%）	50.0	5.0	25.0	-	-	15.0	5.0	100

二、遺體火化過程的實質

透過大量的實驗研究表明，遺體的焚化過程基本上可分爲八個燃燒階段，每個燃燒階段都有各自的一些特點，這些特點和資料是進行手工、自動控制和調節的火化設備的重要依據。下面將簡單地對這八個燃燒階段進行分析，以幫助更好的瞭解遺體燃燒時的特徵。

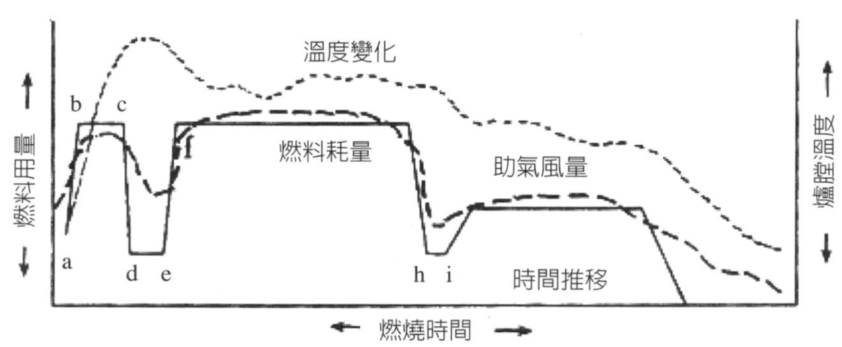

圖5-9　遺體焚化各階段示意圖

(一)遺體入爐初始階段

從遺體進入燃燒室至隨葬品燃燒完畢爲止，大約需要二至四分鐘，控制、調節原則：第一具遺體：供少量燃料或不供燃料，只供適量氧氣，能支持隨葬品充分燃燒即可，燃燒速度不可過快；連續火化遺體：只供氧氣；在再燃室內要加強燃料和空氣供給，使氣體汙染物和未充分燃燒物質得到充分燃燒。

(二)遺體水分蒸發階段

遺體中含有大量水分，在其蒸發過程中，需要吸收大量的熱量。此時，主燃室需要提供燃料和空氣，若再燃室未達到所需溫度，也需要提供燃料和空氣。此階段，遺體的易燃部分（皮膚、脂肪等）開始燃燒。約需時間四至八分鐘；溫度控制在：第一具遺體600℃以上；連續火化遺體800℃左右爲宜。

在以上兩個階段中，是氣體汙染物產生的高峰期，需要認眞操作、調節好燃料和空氣的供應，掌握好空燃比。

(三)遺體易燃部分燃燒階段

隨著遺體中水分的不斷蒸發，其易燃部分（四肢、頸、面部等）開始燃燒。在遺體焚化過程中，其水分蒸發速度和易燃程度差異較大，即使體重相同的遺體，易燃程度也不相同：女性比男性易燃，年輕的比年老的易燃，腦力勞動的比體力勞動的易燃，未冷凍的比冷凍的易燃，正常的比肝腹水的易燃。此外，少見的蠟屍，始終易燃。本階段約需三分鐘左右。應逐漸減少燃料的供應，確保必需的氧氣（空氣）。

(四)遺體全面開始燃燒階段

由於脂肪和肌肉全面燃燒，應根據爐內燃燒的具體狀況，可適當減少燃料的供給量，確保足夠的供氧量。如果是肥胖遺體，自燃狀況好，加之爐溫高（800℃），則可不必供燃料或少供燃料，只供足夠的氧即可。

(五)遺體易燃部分全部燃燒階段

遺體的易燃部分（四肢、臉、頸等）全部焚化完畢，約二至四分鐘。此階段，只要主燃室溫度不超過800℃，可逐漸加大燃料和供氧量，並保持微負壓。

(六)遺體難燃部分全面燃燒

腹部、腰部、臀部與內臟全面燃燒。本階段脂肪已基本燃盡，自燃過程中釋放的熱量已很少，此時，氣態汙染物的產生量也不多，不會冒黑煙。因此，主燃室需要增大供燃料和供氧量。再燃室可少供或不供燃料。壓力保持在-5至-15Pa。本階段需要十三至二十分鐘。

(七)遺體難燃部分燃盡階段

本階段主燃室的燃料和供氧量要逐漸減少，直至停止供燃料，只供少量氧氣；再燃室只供少量氧氣。本階段約需四至七分鐘。

(八)保溫徹底焚化階段

爲了確保骨灰脫硫、色白，在只供空氣、不供燃料的情況下，保溫八至十二分鐘後取骨灰。這樣可減少骨灰的異味和炭黑。

第六章

火化機結構及工作原理

本章重點

1.掌握火化機的結構原理
2.學習燃燒學的基本概念、3T理論；掌握控制火化過程的基本經驗規律
3.瞭解燃燒新技術、火化機的種類、火化機的構成及工作原理
4.掌握火化機各系統的結構和工作原理

火化機是殯葬單位用來焚化遺體的設備，根據爐膛結構不同，可分為架條式、平板式和台車式火化機，但總的來說，常見火化機的結構一般都是由進屍系統、燃燒系統、供風系統、燃燒室、控制系統、排放系統、煙氣後處理系統及附屬裝置組成。火化機的處理流程：遺體進入火化區經家屬確認無誤後，在火化師的操作下透過進屍系統將遺體送入火化機主燃燒室，然後透過供風系統與燃燒系統，將室外空氣與燃料送入燃燒室中，並點火燃燒，遺體及隨葬品燃燒時產生的煙氣進入再燃燒室進一步處理後，再透過煙道送入煙氣後處理系統進行淨化處理（只有配置了煙氣後處理系統的火化機才有煙氣淨化功能），經處理後的煙氣通過煙閘與煙囪後再排放到室外，最後的骨灰透過操作人員處理後，裝入骨灰盒後交與喪戶家屬，期間由操作人員透過控制系統下達指令，對火化機進行即時控制，確保其穩定工作。火化機的工作原理簡圖如**圖6-1**所示，平板式、台車式火化機工作原理圖如**圖6-2**和**圖6-3**所示。

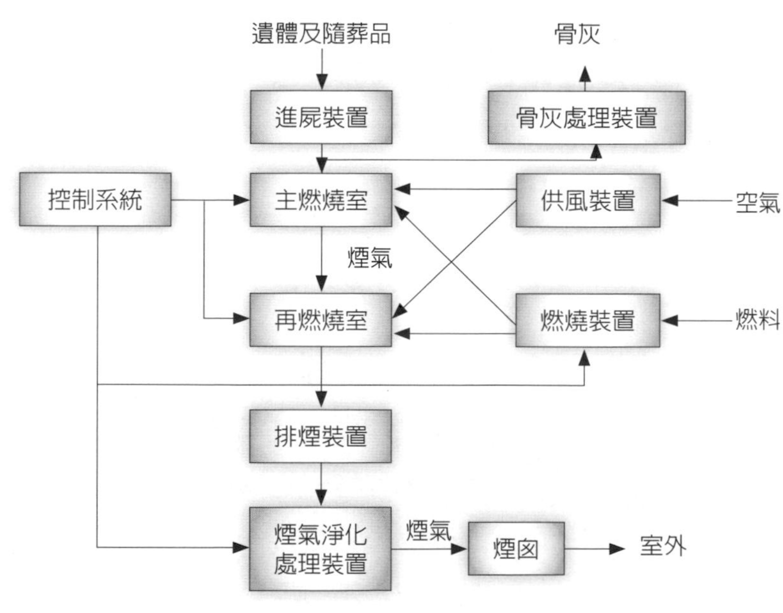

圖6-1　火化機的工作原理圖

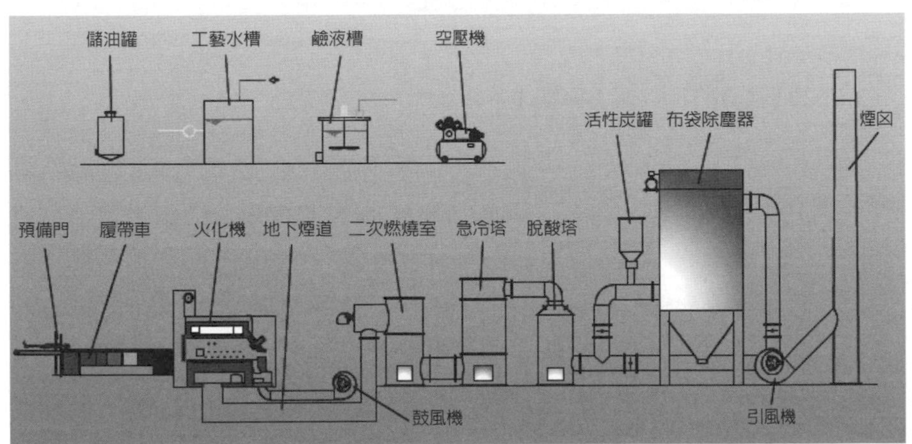

圖6-2　平板式火化機工作原理圖

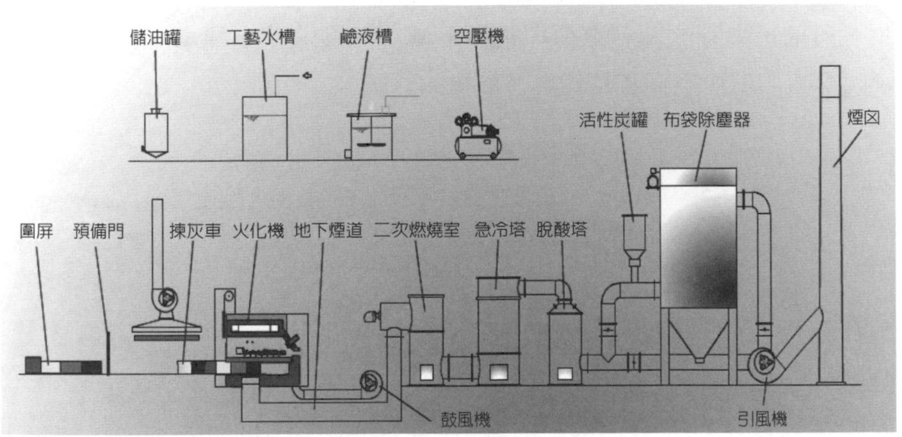

圖6-3　台車式火化機工作原理圖

第一節　進屍系統

火化機進屍系統的作用，是將遺體傳送到爐膛預定位置，以便火化機火化。

火化機進屍系統一般都是採用進屍車完成。進屍車是利用機械傳動、液體傳動等，以完成接屍、送屍、卸屍等動作。

送屍車的型號和種類比較多，按照其自動化程度可分爲：手推送屍車、半自動送屍車和自動送屍車三種。按照卸屍方式不同可分爲：翻板式送屍車、擋板式送屍車、履帶式送屍車和台車式送屍車四種。同時按照送屍車運行軌道可分無軌送屍車、縱向軌道送屍車和縱橫軌道送屍車。目前，中國的殯葬單位多數採用無軌無拖線雙向屍車。下面將對幾種送屍車的工作原理和特點進行簡單的介紹：

一、翻板式送屍車

圖6-4　翻板式送屍車

翻板式進屍車是以電動機爲動力，利用蝸桿的傳動來帶動車體，完成送屍和翻板放屍的動作。此種車有軌道，有拖線，並可按照用戶的要求設計爲縱向或縱橫向送屍車，該車可一爐一車，也可多爐一車，它一般配套在低檔次火化機上使用。優點是結構簡單，運行可靠，造價低；缺點是翻板放屍，有雜訊，不文明，將被逐步淘汰。**圖6-4**爲常見的翻板式送屍車。

二、履帶式送屍車

履帶式進屍車是以電動機為動力，驅動履帶前進與後退，從而達到送屍和卸屍的目的。根據履帶式進屍車工作原理，又可分為單向履帶式和雙向履帶式兩種，其中單向履帶式有軌送屍車，其高度可升降自如，並可隱藏在爐下，且運行平穩可靠，適用於一般中檔次的火化機。

圖6-5　履帶式送屍車

雙向履帶式送屍車一般是安裝在預備室內，並有豪華的預備門，當預備門關閉的時候，工作區內見不到屍車，整個工作區顯得美觀大方，肅穆。其中雙向履帶式有軌送屍車，可以用在多爐配一車的工作場合下。現在中國火化機廠生產的無軌無拖線雙屍車，該車固定在爐前預備門內，無軌道，無拖線，一車一爐。其主要特點是技術先進，科技含量高，設計合理，運行可靠，並可帶棺入爐，達到了進屍文明的要求，極大的改善了操作人員的勞動環境。**圖6-5**即為該車的外形結構。

三、台車式進屍車

台車式進屍車主要配備在揀灰式火化機上，該車上裝載有火化機的炕面，主要以電動機為動力，驅動進屍車的大車與小車之間產生相對運動，實現炕面的進爐與出爐。該種進屍車可實現由喪戶家屬揀灰，文明程度較高。

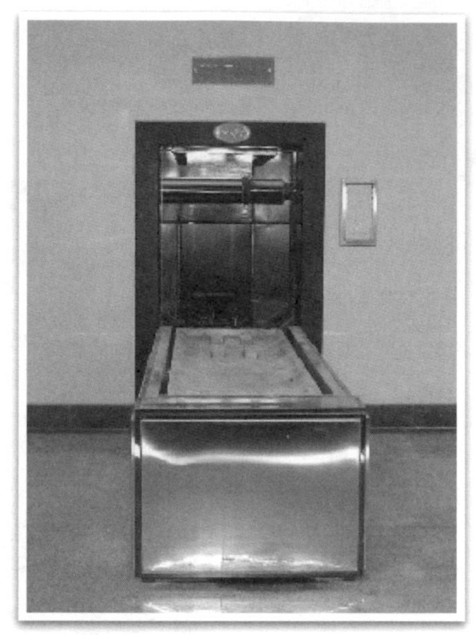

圖6-6　台車式進屍車

第二節　燃燒系統

火化機燃燒系統的作用是，爲遺體焚化提供空間及焚化過程中的燃料供應與點火燃燒。火化機的燃燒系統一般由燃燒室、燃料供應系統和燃燒器構成，燃燒室主要爲遺體及煙氣處理提供空間，燃料供應系統是爲遺體焚化過程提供燃料，燃燒器是爲遺體燃燒提供充足的熱量。

一、燃燒室

火化機中的燃燒室也就是火化機爐膛部分，主要是爲遺體及隨葬品等燃燒提供焚化空間。一般而言，火化機燃燒室主要包括主燃燒室和再燃燒室，其中再燃燒室可分爲二次燃燒室和三次燃燒室，主燃燒室主要是遺體及隨葬品燃燒空間，而二次燃燒室和三次燃燒室是煙氣焚化的空間，**圖6-7**爲平板式火化機燃燒室示意圖。

(一)燃燒室分類

根據燃燒室的數量不同，可分爲單燃式、再燃式和多燃式三種。

1.單燃式的火化機只有一個燃燒室，燃燒氣體只經過一次燃燒後就透過煙道排到大氣中，這種火化機對周圍的環境汙染比較嚴重，已逐步被淘汰。

2.再燃式火化機具有主燃燒室和再燃燒室兩個爐膛，主燃燒室的燃燒對像是遺體及其隨葬品，再燃燒室的燃燒對象是煙氣，是主燃

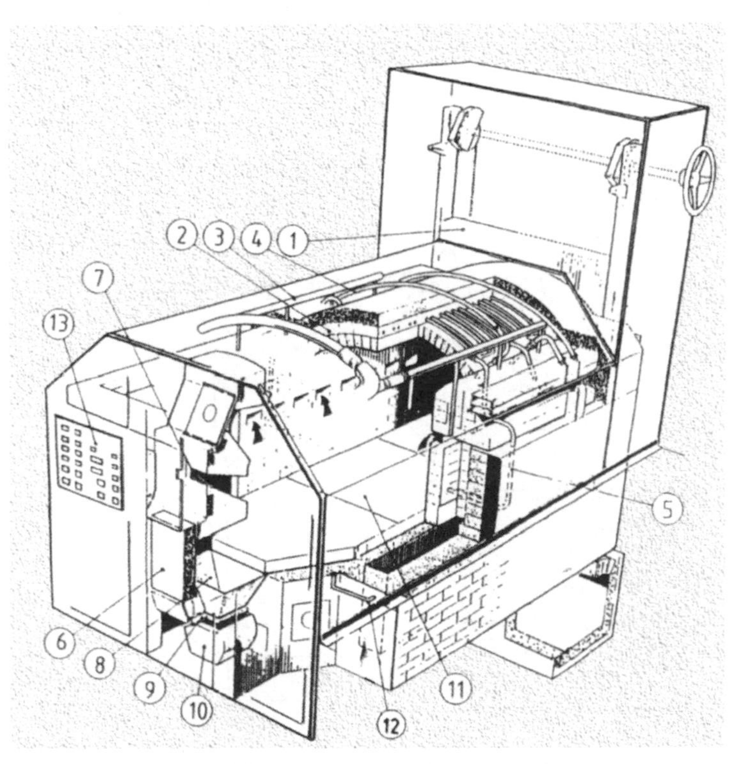

①爐門
②主燃燒室
③、④頂風管
⑤側風管
⑥視孔
⑦燃燒器
⑧出灰口
⑨⑩骨灰冷卻
⑪截面
⑫再燃燒室
⑬控制器

圖6-7　平板式火化機燃燒室結構示意圖

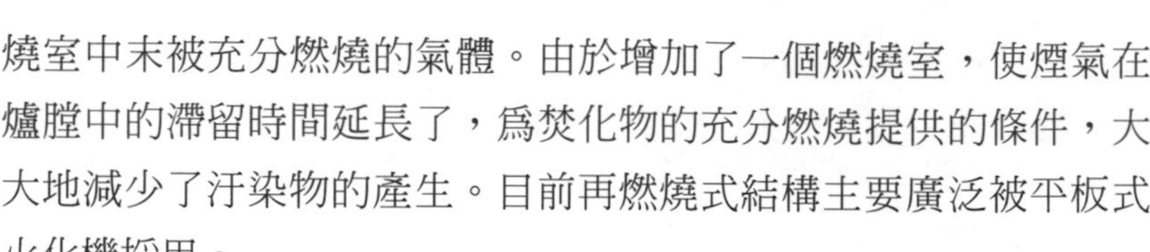

燒室中未被充分燃燒的氣體。由於增加了一個燃燒室，使煙氣在爐膛中的滯留時間延長了，爲焚化物的充分燃燒提供的條件，大大地減少了汙染物的產生。目前再燃燒式結構主要廣泛被平板式火化機採用。

3.多燃式火化機有兩個以上的燃燒室，即主燃燒室、再燃燒室和三燃燒室。主燃燒室的燃燒對象是遺體和隨葬品，再燃燒室和三燃燒室的燃燒對象都是煙氣中的未燃物質，與再燃式火化機相比，它多增加了一個燃燒室，理論上多了一次燃燒，應該使煙氣中的未燃物質燃燒得更充分、更完全，但由於燃燒室的增加，必然要增加燃燒器和燃料，燃料的燃燒也是，所以有時不但不能減少汙染，反而可能產生汙染的汙染源，同時，燃燒室的增多也就增大了排氣的阻力，必須要加大引風機的功率，這樣就造成設備的龐大，提高了設備的成本。目前多燃式結構主要被廣泛應用於揀車式火化機。

根據燃燒室的布置方式不同，常見可分爲下落式和上疊式兩種。

1.下落式燃燒室：即主燃燒室在上，再燃燒室在下，一般架條式火化機和平板式火化機多採用這種結構。其結構示意如**圖6-8**。

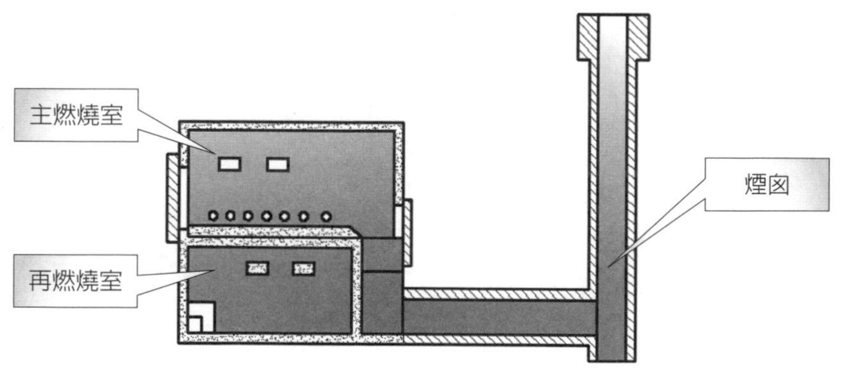

圖6-8　下落式火化機燃燒室結構示意圖

2.上疊式燃燒室：即主燃燒室在下，再燃燒室在上，一般揀灰式火化機多採用這種結構。其結構示意圖如**圖6-9**。

(二)燃燒室的技術要求

由於遺體焚化是一個特殊過程，而且會產生許多有害物質，因此在火化機正常工作中，爐膛必須保持相對密封性、保溫性、堅固性和安全性。

1.要有較好的保溫性能：由於焚化系統結構主要是由砌體及相關機構組成，由於爐溫時高時低，所以砌體會出現熱脹冷縮的情況。因此一般要求在停爐二十四小時後，燃燒室內的溫度不低於300℃。只有這樣，砌體才不會出現聚熱聚冷現象，減少驟冷驟熱對耐火材料造成的損壞，進一步延長燃燒裝置的使用壽命，以降低維修成本，節約能源。

2.要保證相對密封性：由於存在在燃燒室內的物質主要是煙氣，一定要保證煙氣沿著設定的通道正常流動，同時透過密閉造成燃燒

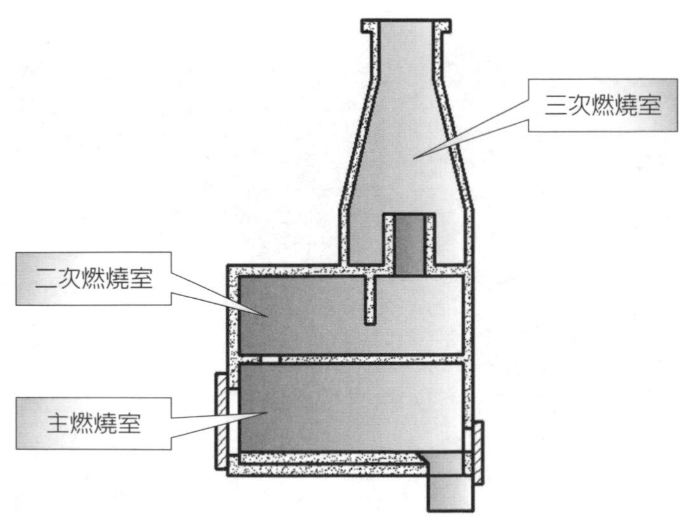

圖6-9　上疊式火化機燃燒室結構示意圖

室內外壓力差，使燃燒室內的煙氣不易逸出而汙染環境。爐門、觀測孔、出灰口、各風閥、油閥（氣閥）等為主要密封部件。

3.要有一定的堅固性：因為燃燒室在工作時，不但要承受自重，同時還要承受內部氣體的漲力和熱變形力，因此必須保證燃燒裝置有一定的堅固性。

4.必須有安全應急措施。

(三)燃燒室的結構

■主燃燒室的結構及技術要求

主燃燒室是遺體等焚化物進行燃燒主要地方，因此從結構設計上要儘量考慮焚化物和可燃氣體充分燃燒的要求。以平板式火化機主燃燒室設計為例，主燃燒室的形狀，一般為長方形，頂部旋拱，其結構如**圖6-10**所示。其結構主要由砌體、爐門、燃燒器、風孔、排煙孔和測量溫度的熱電偶或其他熱敏元件安裝孔所構成。

圖6-10　平板式火化機主燃燒室

由於主燃燒室是焚化物和燃氣燃燒的場所，所以對主燃燒室的容量及尺寸規格在設計上都有比較嚴格的要求。一方面燃燒室的大小取決於遺體的最大基準的限定值，即以人的最高個頭和最胖體形爲準，這樣就能便於焚化各種遺體。第二，燃燒室的尺寸還要受送屍車等裝置結構的限制。一般的進屍裝置是直接經爐門將遺體送到主燃燒室內，因此，燃燒室的最小尺寸不能小於遺體加上遺體外進屍機構部分的尺寸。第三，燃燒室的最大尺寸受到氣體體積容量和熱容量的限制。在正常壓力下，燃燒室的體積容量與室內熱容量是成正比的，體積越大，熱容量也就越大。但熱容量過大容易使主燃燒室內的熱容量出現超負荷的現象，超負荷的熱容量不正常時，就可能會造成對設備、設施的破壞或對砌體的燒損，甚至會出現爆炸。所以燃燒室內的熱負荷量是進行燃燒室設計的最重要的參數，經過長期實際，我們得出熱負荷量在五十萬大卡左右比較適宜。綜上所述，再燃式的火化機的主燃燒室的長度一般爲2.2公尺左右，寬度爲0.75公尺左右，高度爲0.7公尺左右，容積爲1.1～1.45立方公尺左右。

主燃燒室的坑面結構是主燃燒室內支承遺體的載面。其結構應有利於取骨灰並且不混灰，同時能較好地克服燃燒死角，即不須翻動遺體也能使火焰接觸整個遺體表面。平板坑面上應有兩根以上的突筋，以便架空遺體。

風孔和排煙孔是主燃燒室供氧和煙氣通向再燃燒室的通道。風孔一般均勻地分布在主燃燒室兩側緊貼坑面，分別設六至八個，主要是用加熱風壓的方法，把風氧打入遺體背面緊貼坑面部分的燃燒死角，進行強制燃燒。排煙孔的位置應設在燃燒器火焰的末端，其形狀結構，一要有利於煙氣完全進入再燃燒室內燃燒，二要盡可能減少排煙的阻力，三要保證結構的強度。

主燃燒室除以上所述的結構外，還有用於測量溫度的熱電偶或其他熱敏元件的安裝孔，其位置的選擇應能眞實地反映主燃燒室的平均溫度爲適，其大小取決於熱敏元件的直徑及形狀。壓力及其他所需的敏感元件的安裝孔，應根據火化機的電控需要而設定。

台車式火化機的主燃燒室結構如**圖6-11**所示，台車式火化機主燃燒室的坑面是直接裝載在台車上的，該坑面是可以活動的，它可隨著台車的往復運動，實現遺體進爐與骨灰出爐揀灰。

爐門是主燃燒室必具的結構，一般要求啓閉必須靈活，結構必須輕便，耐高溫性能和保溫性能良好等，其結構與運動方式如**圖6-12**所示。

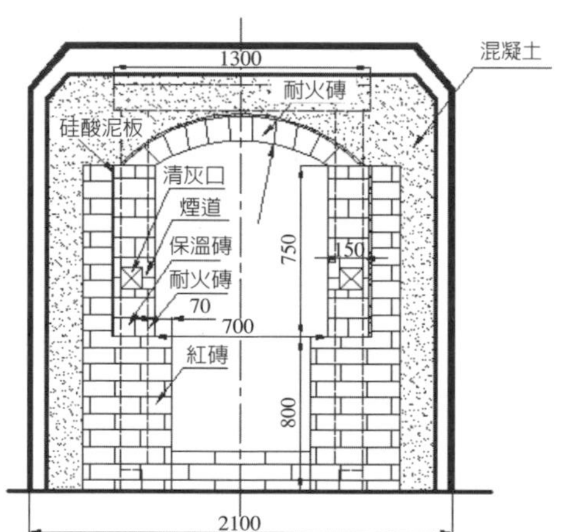

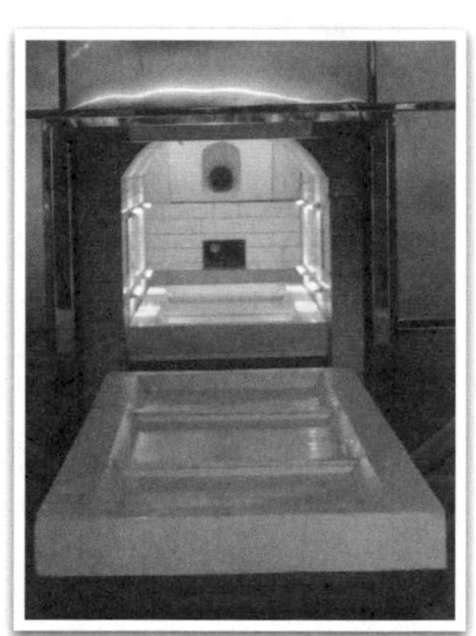

圖6-11　台車式火化機主燃燒室

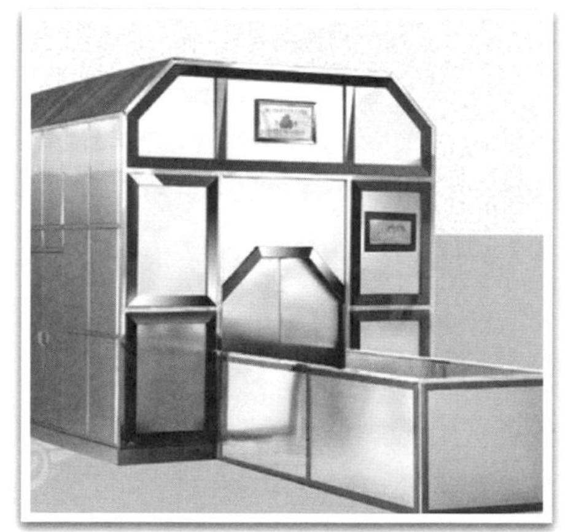

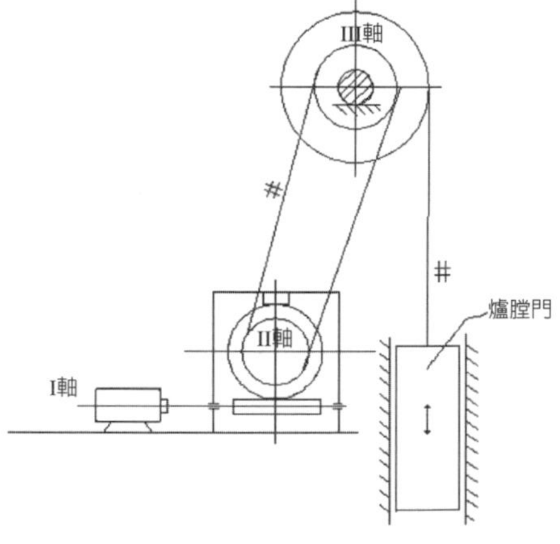

圖6-12　火化機爐門運動簡圖

■再燃燒室的結構及技術要求

再燃燒室是對從主燃燒室過來的煙氣進行再次燃燒，以達到充分燃燒的目的，一般再燃燒室又可分爲二次燃燒室和三次燃燒室。其結構形狀一般採用長方形，也有採用圓筒形的。無論是採用什麼形狀，都必須首先考慮煙氣的旋流和有助於末燃氣體能充分燃燒的效果。

再燃燒室體積大小，取決於煙氣通過再燃燒室時的滯留時間。所謂煙氣滯留時間，是指煙氣在再燃燒室的燃燒時間。滯留時間越長，燃燒就越充分。要延長滯留時間，就必須相應地增大再燃燒室垢體積。但是，體積愈大熱損失也愈大，同時體積增大也增加了排氣的阻力，又得相應增大引風機的功率。而實際中，末燃氣體的燃燒效果絕大部分要取決於燃燒器的霧化效果，所以只要燃燒器的霧化效果好，就能使燃燒始終處於最佳狀態。因此氣體在燃燒室內的滯留時間只要0.6～0.9秒就足夠了，其體積也只相當於主燃燒室的80%即可。

再燃燒室的入口及出口結構必須能使進入再燃燒室的煙氣改變運動形態，入口處要儘量減少氣流的阻力，使之能完全進入到再燃燒室燃燒器火焰的火網範圍，從而實現火焰、溫度、空氣的迅速均勻地混合，以提高煙氣的燃燒效果。

再燃燒室的燃燒器，一般是安裝在煙氣入口處附近，其作用一方面是向再燃燒室輸送足夠的熱量，另一方面是利用其火焰直接燃燒煙氣。當末燃氣體進入到再燃燒室時，必須先通過燃燒器火焰形成的火網，並旋轉著向前推進，使煙氣的運動距離延長，以此來擴大火焰與煙氣的接觸面，從而達到最佳燃燒的目的。

再燃燒室的敏感元件，主要是監測溫度的熱敏元件和殘氧測定元件，其安裝孔的設置主要依據被測點和電控制系統的要求而定，火化機再燃燒室結構如**圖6-13**所示。

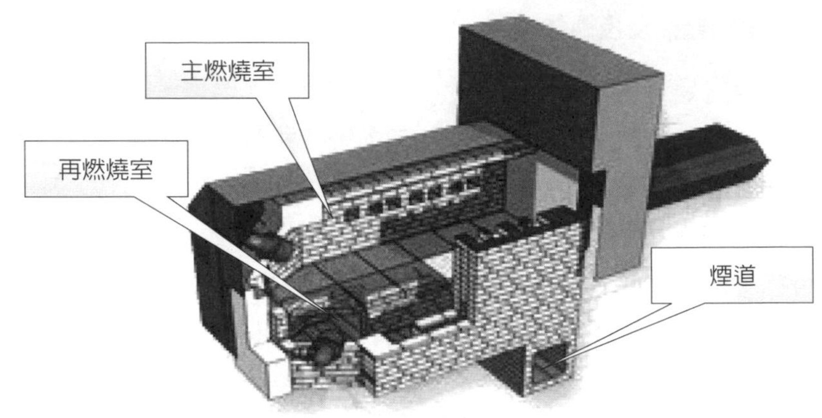

圖6-13　火化機再燃燒室圖

二、燃料供應系統

燃料供應系統一般分爲固體燃料、液體燃料和氣體燃料三種。固體燃料供應系統主要的燃料是煤等固體燃料，液體燃料供應系統主要的燃料是輕柴油，而氣體燃料供應系統主要是以煤氣或天然氣作爲燃料供應。每一種系統之間的區別都比較大，這裏主要以殯儀館常用的液體燃料供應系統爲例，介紹其內部的結構及工作原理。

(一)液體燃料供應系統的作用與結構

火化機的液體燃料供應系統主要是保證火化機在正常工作時所需的燃料供應，而且要隨著遺體焚化過程的不同階段而不斷地調節供油量，以達到最佳燃燒效果，因此對燃料供應裝置的流量、速度、壓力以及調節，都提出了較高的要求。

火化機對燃油式燃燒裝置的技術要求如下：

1.燃料供應管道暢通，壓力、流量、速度符合要求。

2.油路無洩露，各種控制閥動作靈活，穩定有效。
3.燃燒器調節靈活，燃燒效率高。
4.點火要迅速、安全和穩定。

一般燃油式火化機的燃料供應系統由油罐、濾油器、管道、控制閥、油泵等幾個部分組成。根據其燃油的供應與油壓產生不同，液體燃料供應系統又可分爲油泵供油與自然供油兩種方式：

1.油泵供油法：此種方法主要適應於油箱的位置無法放置在兩公尺以上的高度，需採用油泵來加壓供油的火化機（**圖6-14**）。
2.自然供油法：此種方法主要適應於火化機工作區有固定兩公尺以上（主要是指與主燃燒器的噴嘴之間的水準高度）的油箱位置，利用燃料本身的自重產生的壓力來適應火化機燃料的供應（**圖6-15**）。

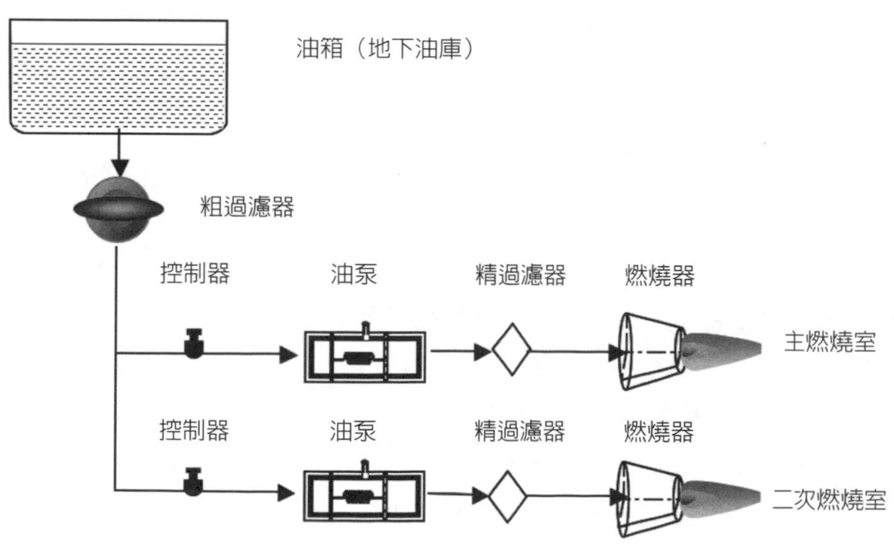

圖6-14　油泵供油示意圖

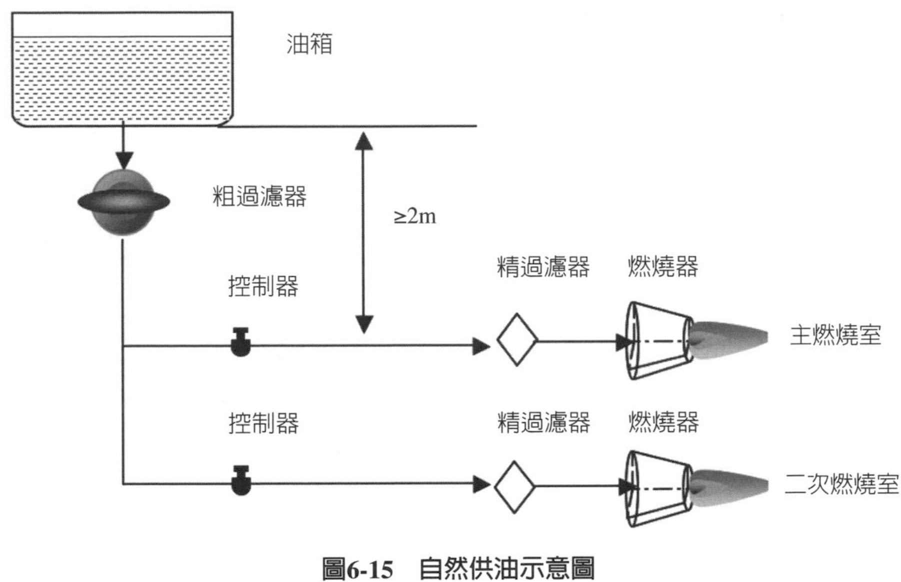

圖6-15　自然供油示意圖

油箱是火化機儲存燃料的裝置，它一般由專門的油庫或單獨的油箱構成，對於油泵供油方式的火化機，一般可採用油庫統一供油方式，而自然供油方式的火化機，需採用單獨設置的油箱，且油箱必須懸掛在高於主燃燒器兩公尺以上的地方，以便形成自然壓力。

濾油器的功能主要是清除油液中的各種雜質，以保證燃油的清潔。對整個火化機而言，濾油器還能起到保障油路暢通和改善燃燒性能的雙層作用。濾油器根據其濾除機械雜質顆粒的公稱尺寸大小，可分為四種類型：粗濾油器（D＞=100μm，其中D代表雜質的公稱尺寸），普通濾油器（D＝10～100μm），精濾油器（D＝5～10μm），特精濾油器（D＝1～5μm）。根據濾芯的材料和結構不同，濾油器又可分為網式、線隙式、燒結式、紙芯式濾油器和磁性濾油器等五種，**表6-1**為這幾種濾芯的比較情況。火化機油罐出口處一般有紙芯式粗濾油器，在油泵入口前一般還應安裝精濾油器，以保證燃油的清潔。

表6-1　幾種濾油器濾芯的功能

類型	過濾精度	壓力損失	特點
網式	80～180	0.04MPa	簡單，易清洗
線隙式	50～100	0.03-0.06MPa	簡單，不易清洗
燒結式	10～100	0.03-0.2MPa	強度高，性能好，清洗困難
紙芯式	5～30		精度高，無法清洗，需常換芯
磁性			適於清洗鐵屑等

油泵的功能是爲噴油嘴提供合適的壓力油，保證正常的燃燒。油泵比較多，如有齒輪泵、柱塞泵、葉片泵等等，火化機一般採用齒輪泵，該泵工作穩定，壓力均勻，比較適合噴油嘴的工作要求。

噴油嘴是供油裝置中最重要的器件，它是將油泵輸送過來的壓力油進行霧化，以達到充分燃燒的目的，所以噴油嘴的品質高低直接關係到燃燒的結果。目前生產的噴油嘴主要有以下幾種：油壓式噴油嘴、回轉式噴油嘴、高壓氣流式噴油嘴和低壓空氣式噴油嘴等。現在，許多高檔火化設備都已使用了進口噴油嘴，這種噴油嘴霧化效果好，並能進行自動點火，自動控制燃料供量，自動調節燃料與助氧風的配比，是一種比較先進的噴油嘴。

控制閥是對燃油的流量進行控制。由於遺體在燃燒時各個階段所需的燃油均不相同，這就要求控制閥能根據不同燃燒階段，對燃油的流量進行控制，以達到最佳的燃燒效果。根據這種要求，液體燃料供應裝置中採用的控制閥大部分都採用電磁閥，該閥可根據已編程序進行自動控制，以達到即時控制的目的。除了電磁閥外，控制閥還可使用球閥、滑閥、針閥等。

油管是爲燃油提供通路的管道，一般採用鋼管、銅管、橡膠管等組成。對油管的要求是管道暢通，無洩露。

除此之外，燃燒裝置還應包括管接頭和各種連接固定元件、各種儀表等等。

燃氣式與燃油式燃料供應系統在結構上大同小異，燃氣式的火化機不需要對氣體霧化，因此只要將供氣管道通達氣閥與控制閥，就可直接燃燒。

三、燃燒器

(一)燃燒器的主要作用

燃燒器是火化機燃燒系統的關鍵部分，其主要的作用是點燃燃料並維持正常的燃燒，保證在燃燒時有足夠的溫度。

(二)燃燒器的分類

燃燒器根據使用的燃料不同，可分爲燃氣式燃燒器、燃油式燃燒器和氣體／燃油兩用燃燒器三種。根據調節方式不同，又可分快速調節燃燒器和慢速調節燃燒器。

(三)燃燒器的基本結構

由於殯儀館或火葬場普遍採用都是燃油式火化機，因此本章重點介紹燃油式燃燒器的結構。燃油式燃燒器是一種全自動燃燒器，它在結構設計上主要分爲三個部分：主供油回路，主要由進油管、油泵、控制閥、噴油嘴、回油管和回油管油加熱器組成；高壓點火回路，主要由高壓點火變壓器、點火電極和電眼組成；風門控制回路，由電機、風葉、風門執行器和風門。除此以外，還有保護網和安裝機體等燃燒器輔助裝置，以德國威索燃燒器爲例，其結構見**圖6-16**所示，從圖中可以看出燃燒器的噴油嘴的直徑對燃料的霧化影響很大，直徑越小，霧化效果越好，反之效果變差。

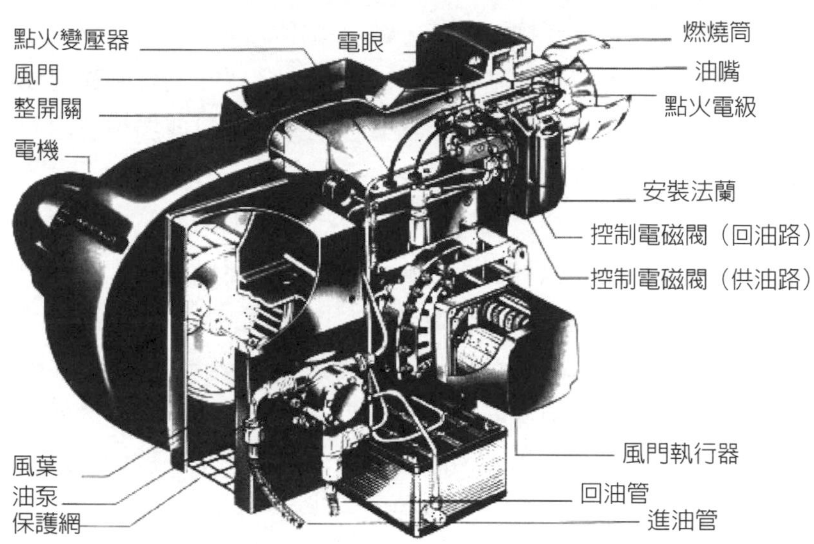

圖6-16　德國威索燃燒器結構示意圖

1.供油回路 —進油管→ 油泵→電磁閥→噴嘴→霧化後的油霧→燃燒室
油箱 ←回油管— ↲

2.供風回路 —室外空氣→ 過濾網→鼓風機→風門→噴嘴→燃燒室

3.點火回路 —220V電壓→ 控制開關→高壓點火變壓器→點火電極→電火花

(四)燃油式燃燒器的工作原理

從**圖6-16**所示，當燃燒器開始工作時，燃燒器的點火變壓器在控制電路的作用下得電，經升壓後接通點火電極，點火電極在高壓電的作用下，兩極之間將產生電火花，與此同時，燃油在油泵的作用下經油罐從進油管道流入油泵，再經過油泵加壓後，由進油管流入電磁控制閥，電磁控制閥得電動作，供油回路接通，壓力燃油從油嘴中噴出，與周圍的空氣霧化，在點火電極的電火花作用下，油霧被點燃並開始燃燒。透過適當地調節風門執行器來控制助氧風的大小，從而達到控制燃燒的溫度。如果在壓力油達到控制閥時，點火電極之間沒有產生電火花，此時，壓力油就會透過電磁控制閥的回油回路，經過回油管到達回油加熱器，最後流回油罐。從而避免了因點火回路失靈，造成燃燒室內的油霧濃度過高，發生燃爆的問題。

在燃燒器正常工作時，可透過風門執行器來調節助氧風的供量。風門的執行器是一個機械執行裝置，其內部結構主要是由風門、風門轉動裝置以及一個固定搭配的拔叉機構組成，其結構如**圖6-16**所示。當燃料開始燃燒時，透過調節風門執行器的拔叉盤，從而帶動風門轉動裝置發生轉動，轉動裝置的未端槓杆所聯接的風門隨之轉動，由於風門的角度發生變化，此時進入燃燒筒內部的助氧風量也隨之增加，燃燒溫度也隨之增加，從而達到控制燃燒器溫度，提高燃燒效率的目的。實際火化機的燃油式燃燒器如**圖6-17**所示。

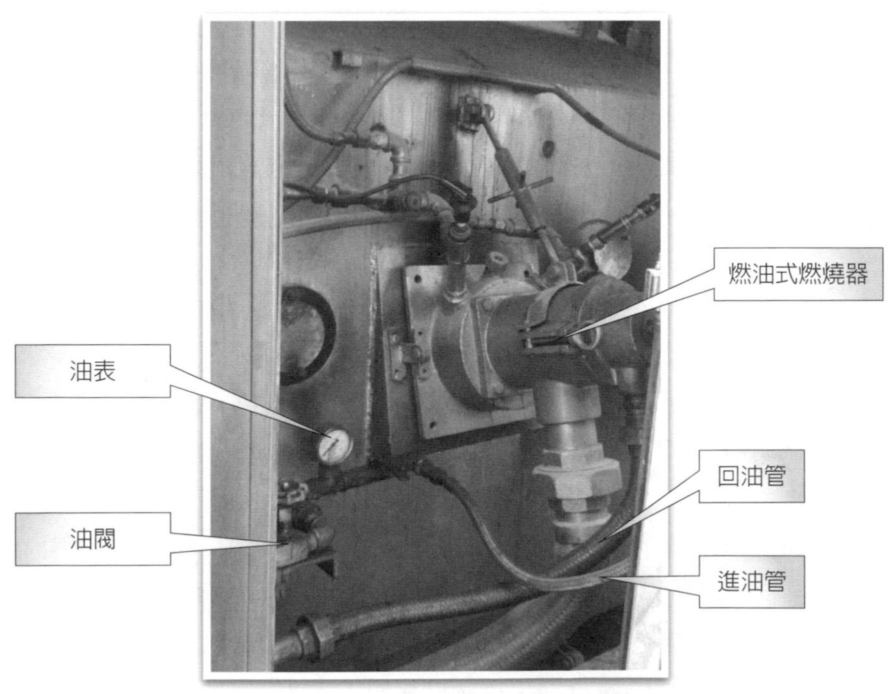

圖6-17　燃油式燃燒器結構示意圖

燃氣式燃燒器的工作原理，基本與燃油式燃燒器相似，只是在結構上電磁控制閥應改為燃氣碟閥，透過控制燃氣碟閥來相應控制燃氣的供給量，以達到控制燃燒的目的。

第三節　供風系統

供風系統的主要作用是為遺體焚化過程中燃燒提供足夠的助氧風，以便使燃燒處於最佳狀態。

火化機的供風系統一般由鼓風機、風管、控制閥組成，其中風管又包括總風管，分風管和分風箱等幾個部分，其結構如**圖6-18**所示，火化機的供風回路主要分為二個部分：主供風回路和輔助供風回路。

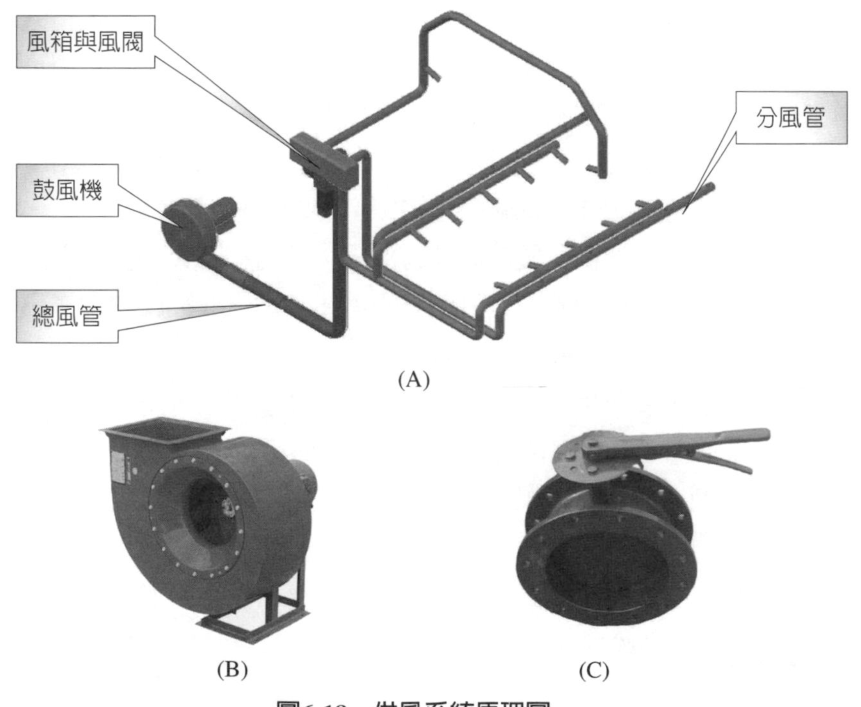

圖6-18　供風系統原理圖

一般對火化機的供風系統有如下技術要求：

1.要使燃燒達到最佳狀態。

2.要能使燃燒過程中所產生的有毒有害物質得到充分的氧化和分解。

3.能自動根據燃燒各個階段調節氧氣和燃料的配比量。

4.能合理的節省燃料。

供風系統的工作原理：由**圖6-18(A)**可知，室外空氣首先經過鼓風機吸入總風管後，再經過總風管分成二路：第一路主供風回路，該供風回路又分三路，分別送到三個控制閥，第一路經控制閥、一次頂風管送到主燃燒室，以滿足主燃燒室風氧的需求；第二路經控制閥、一次側風管送到主燃燒室，該路側風與頂風一起滿足主燃燒室風氧的需要；第三路經控制閥、二次側風管送到再燃燒室中，以完成再燃燒室燃燒的風氧需求。第二路輔助供風回路，該供風回路同樣也可分爲三路，第一路經控制閥後，送入主燃燒器中，協助主燃燒器進行油料的霧化，以滿足燃燒的需要；第二路經控制閥後，送入再燃燒器中，協助再燃燒器進行油料的霧化；第三路經控制閥後，送入骨灰冷卻器中，幫助骨灰迅速冷卻。

供風系統由鼓風機、通風管道、風箱與風閥幾個部分組成。

鼓風機是火化機供風裝置的動力部分，透過它將火化機外面的空氣輸送到爐膛內，確保遺體焚化對氧氣的需要。火化機鼓風機功率一般爲7.5kw，風量大概爲12500～13000m^3/h。

通風管道主要作用是將鼓風機吸入的空氣順利送入爐膛提供通路，一般通風管道採用鍍鋅鋼管或不銹鋼管焊接而成。

風閥，顧名思義，即風量調節閥。它是用來調節進入火化機爐膛的風量大小。一般而言，火化機採用的風閥是以手動調節爲主，但也有少數全自動火化機採用了電動碟閥，以便實現全自動化控制。**圖6-18(B)**、**圖6-18(C)**爲常用鼓風機與風閥實體圖。

第四節　控制系統

隨著現代科學技術水準的不斷發展，火化設備也越來越趨向安全化、自動化、無害化和文明化，這不僅是環保的要求，更是殯儀改革的需要。由於火化設備逐步實現自動化操作，這就要求進行火化設備的操作人員，要基本掌握與火化設備電氣元件操作的相關原理知識，才能保證較好完成本職工作，所以本節主要從火化機電路圖的基本構成、分類和識圖的方法，常用的電器元件，以及火化設備基本電路的工作原理等三個部分，對火化設備的控制電路進行介紹。

一、電路圖的基本構成、分類

(一)電路圖的基本構成

電路圖一般是由電路、技術說明和標題欄三個部分組成。

■電路

電路是用導線將電源和負載，以及有關的控制元件連接起來，構成閉合回路，以實現電氣設備的預定功能，這種回路的總體就稱為電路。

電路通常分為兩個部分：主電路和控制電路。主電路也叫一次回路，是電源向負載輸送電能的電路。它一般包括電源、變壓器、開關、接確器、熔斷器和負載等幾個部分。控制電路也叫二次回路，是對主電路進行控制、保護、監測和指示的電路。它一般包括繼電器、儀表、指示燈、控制開關等。通常主電路通過的電流較大，線徑較粗；而控制電路中的電流較小，所以線徑相應也小一些。

電路是電路圖的主要構成部分。由於電器元件的外形和結構都不相同，所以必須採用國家統一規定的電氣符號來表示電器元件的不同種類、規格以及安裝方式等。電氣符號主要包括圖形符號、文字元號、回路符號三種。

■技術說明

電路圖中的文字說明和元件明細表等，總稱爲電路圖的技術說明。其中，在文字說明中註明電路的某種要點及安裝要求等。文字說明通常在電路圖的右上方。

■標題欄

電路圖中的標題欄是畫在圖的右上角，其中註有工程名稱、圖名、圖號，還有設計人、製圖人、審核人和批准人等項目。標題欄是電路圖的重要技術檔案，欄目中的簽名者對圖中的技術內容應承擔相應的責任。

(二)電路圖的分類

電路圖根據其作用不同，可分爲三類：

■電氣原理圖

電氣原理圖表示是電氣控制線路的工作原理，以及各電器元件的作用和相互關係，而不需考慮各電路元件實際安裝的位置和實際連線的情況。

■電氣設備安裝圖

電氣設備安裝圖是表示各種電氣設備的實際安裝位置和配線方式等，而不明確表示電路的原理和電器元件的控制關係。它是電氣原理圖的具體實現的表現形式。

■電氣設備接線圖

電氣設備接線圖是表示各電氣設備之間實際接線的情況。繪製接線圖時應把各電器元件的各個部分（如觸點與線圈）畫在一起；文字符號、元件連接順序、線路號碼編制都必須與電氣原理圖一致。電氣設備安裝圖和接線圖是用於安裝接線、檢查維修和施工的。**圖6-19**爲電動機三角形轉星形啓動電氣原理圖。

(三)電路圖的識圖基本要求和步驟

識圖的基本步驟：

■一看圖紙說明

一般圖紙說明中包括了圖紙的目錄、技術要求、元件明細表等，識圖時首先看圖紙說明，搞清設計內容和施工要求，這些都有助於瞭解圖紙的大體情況，以便及時抓住識圖的重點。

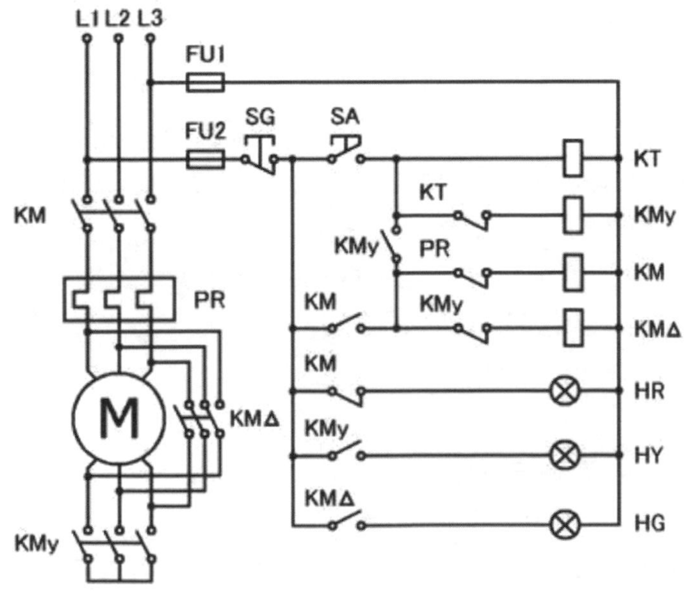

圖6-19　電動機三角形轉星形啓動電氣原理圖

■二看電氣原理圖

看電氣原理圖時，首先要區分主電路和控制電路或直流電路。其次要按照先看主電路，再看控制電路的順序進行讀圖。看主電路時，通常是從下往上看，即從電氣設備開始，經過控制元件，依順序看到電源部分。看控制電路時，則是自上而下、從左往右看，即先看電源，再順序看各回路，分析各回路元件的工作情況以及對主電路的控制關係。

■三看電氣安裝接線圖

在看電氣安裝接線圖時，也要先看主電路，再看控制電路。看主電路時，要從電源引入端開始，順序經過控制元件和線路到用電設備；看控制電路時，要從電源的一端看到電源的另一端，按元件的順序對每個回路進行分析研究。安裝接線圖是根據電氣原理圖進行繪製的，對照電氣原理圖是有幫助的。

■四看電氣展開圖

結合電氣原理圖看展開接線圖比較方便，對照動作回路的說明，從上到下進行讀圖。要注意的是，動作元件的接點常常是接在其他的回路中，不像電氣原理圖那樣直觀，因此，在看圖時不能丟失接點，否則，元件的動作情況就不會全面。

以上就是識讀電路圖的一些基本要求和步驟，但這些並不是不變的，在看圖時，要根據圖紙的具體情況，採用最爲適宜的看圖的方法，以達到高效、準確、全面的要求。

二、常用的電器元件

從前面的所學的知識可知，電氣控制電路均是由若干個電器元件按照一定的要求進行組合而成的，所以，有必要對火化設備中常用的一些電器元件的性能、參數以及正確的選用進行學習，以便在以後的工作中

能正確地使用和維修這些電器元件。

火化設備中常用的電器元件有以下幾種；電動機、熔斷器、繼電器、按鈕、行程開關、斷路器、壓力控制儀、溫度控制儀、電壓表、電流表、熱電偶，以及壓力變壓器、電磁閥等。下面將分別進行介紹。

(一)電動機

電動機是火化設備中必不可少的電器，在火化機中常用的是三相異步電動機。

三相異步電動機分爲定子與轉子兩部分，當定子中三相繞組通過三相電流時，就會產生一個旋轉的磁場，這個旋轉的磁場使轉子的繞組切割磁力線而產生轉動，從而帶動負載進行轉動，把電能轉化爲機械能。

■電動機的容量的選擇

電動機的額定功率是我們選擇電動機的主要條件，其功率必須根據被拖動的生產機械所需的功率而定。對於直流電動機，其額定功率爲負載的功率1.1～2.0倍：對於採用帶傳動的電動機，其額定功率爲負載的功率的1.05～1.15倍。

如果已知拖動的負載功率，可按下列公式6-1估算電動機的功率：

$$p_E = \frac{p_1}{n_1 \times n_2}(KW)$$ （**公式6-1**）

式中：P_E＝電動機的額定功率（KW）

P_1＝生產機械軸上的功率（KW）

n_1＝生產機械的效率，一般爲0.6～0.7

n_2＝傳動效率，一般爲0.6～0.7

如果是已知電動機軸上的負載轉矩，則可用下面的公式進行計算：

$$P_E = \frac{T_E \times N}{9550}(KW)$$ （**公式6-2**）

式中：T_E＝電動機軸上負載轉矩（N。M）

N＝電動機額定的轉速（R/min）

■電動機的連接

三相異步電動機的定子繞組可按電源的不同和電動機的銘牌的要求，可接成星形（Y）或三角形（Δ）兩種形式。

1.星形聯接：將三個繞組的未端連接在一起，首端分別接三相電源。
2.三角形聯接：將三個繞組的首未兩端分別相連，再由三個連接點引出三條電源線接三相電源。如**圖6-20**所示。

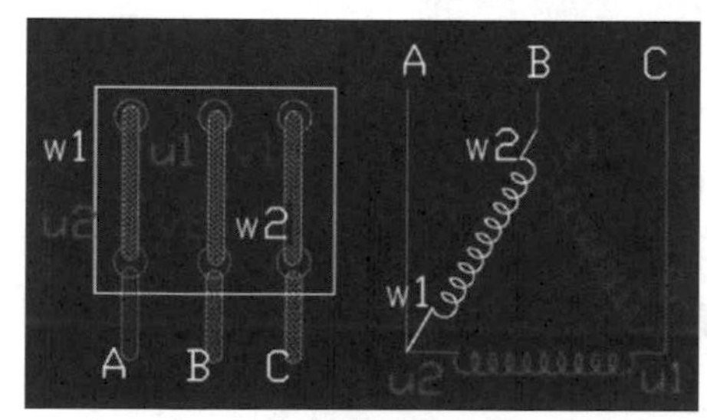

(A)三相電動機外形

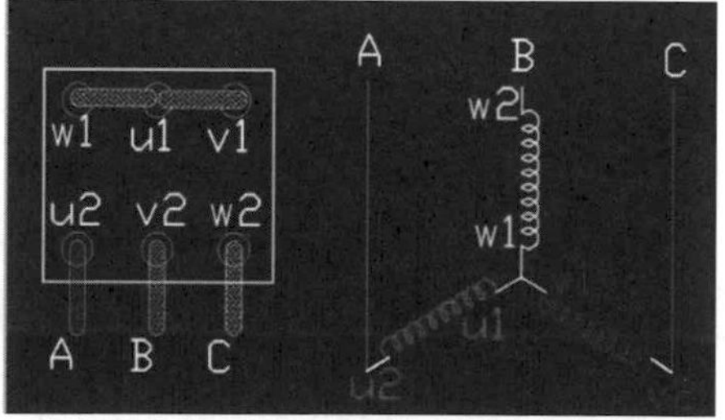

(B)三相電動機接線圖

圖6-20　三相電動機

(二)熔斷器

熔斷器是低壓電路及電動機控制電路中用於超載和短路保護的電器。它一般是串聯在電路中，以保護線路或電氣設備免受短路電流的損壞。常見的熔斷器如**圖6-21**所示。

熔斷器主要由熔體和熔管組成，熔體是熔斷器的主要部件，當通過熔體的電流小於或等於其額定電流，熔體不會熔斷，只有其通過的電流超過其額定電流時，熔體才會熔斷。

選擇熔斷器，主要是要選擇熔斷器的種類、額定電壓、熔斷器的額定電流等級和熔體的額定電流。

額定電壓是根據所保護電路的電壓來選擇的。熔體電流的選擇是熔斷器選擇的核心。

對於一般的沒有衝擊電流的負載如照明線路，應使其熔體的額定電流等於或稍大於線路工作電流，即

$$I_R \geq I$$

式中：$\mathbf{I_R}$ ＝熔體的額定電流

　　　I＝工作電流

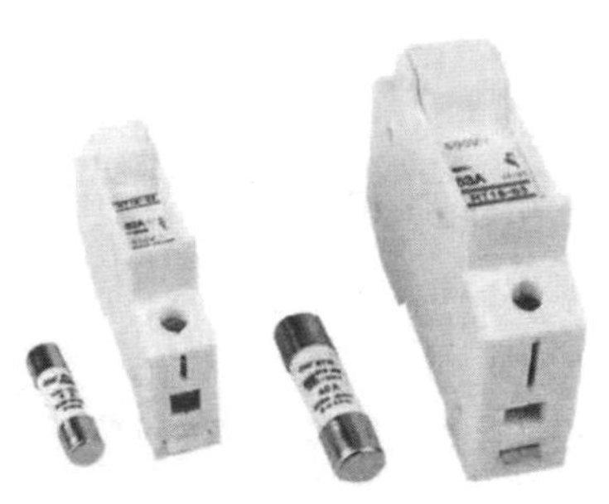

(A)插式熔斷器

(B)螺旋式熔斷器

圖6-21　熔斷器

對於一台異步電動機，其熔體可按下列關係選擇：

I_R =（1.5～2.5） I_{CD}

式中：I_{CD} =電動機的額定電流

對於多台電動機，由一個熔斷器保護，熔體按下列關係選擇：

$$I_R \geq \frac{I_M}{2.5}$$ （**公式6-3**）

式中：I_M =可能出現的最大電流

如果幾台電動機不同時起動，則I_M爲容量最大一台電動機的起動電流，加上其他台電動機的額定電流。

例如，兩台電動機不同時起動，一台電動機額定電流爲14.6A，一台爲4.64A，起動電流爲額定電流的七倍，則熔斷體電流爲：

$$I_R \geq (14.6 \times 7 + 4.64)/2.5 = 42.7A$$

可選擇用RL1-60型熔斷器，配用50A的熔體。

熔斷器的種類很多，有插入式、填料封閉管式、螺旋式以及快速熔斷器等。在火化設備中常用RL系列（螺旋式），其技術資料如**表6-2**所示。

(三)接觸器

接觸器是用於帶有負載主電路的自動接通或切斷，分交流和直流兩種。火化設備中應用最多的是交流接觸器。

接觸器有交流接觸器和直流接觸器之分，其動作原理都是利用電磁吸力，在結構上兩者都是由電磁系統、觸頭系統和滅弧位置等部分組成的。它們各有特殊的地方。在生產機械電氣設備的自動控制中，交流接觸器應用很廣泛。下面主要介紹交流接觸器。

表6-2　火化設備中常用RL系列熔斷器參數

型號	熔管額定電壓（V）	熔管額定電流（A）	熔體額定電流等級（A）	最大分斷能力（KA）
RL1-15	交流500.300.220	15	2、4、6、10、15	2
RL1-60	交流500.300.220	60	20、30、40、50	3.5
RL1-100	交流500.300.220	100	60、80、100	20
RL1-200	交流500.300.220	200	100、125、150	50
RL2-25	交流500.300.220	25	2、4、6、15、20	1
RL2-60	交流500.300.220	60	25、35、50、60	2
RL2-100	交流500.300.220	100	80、100	3.5

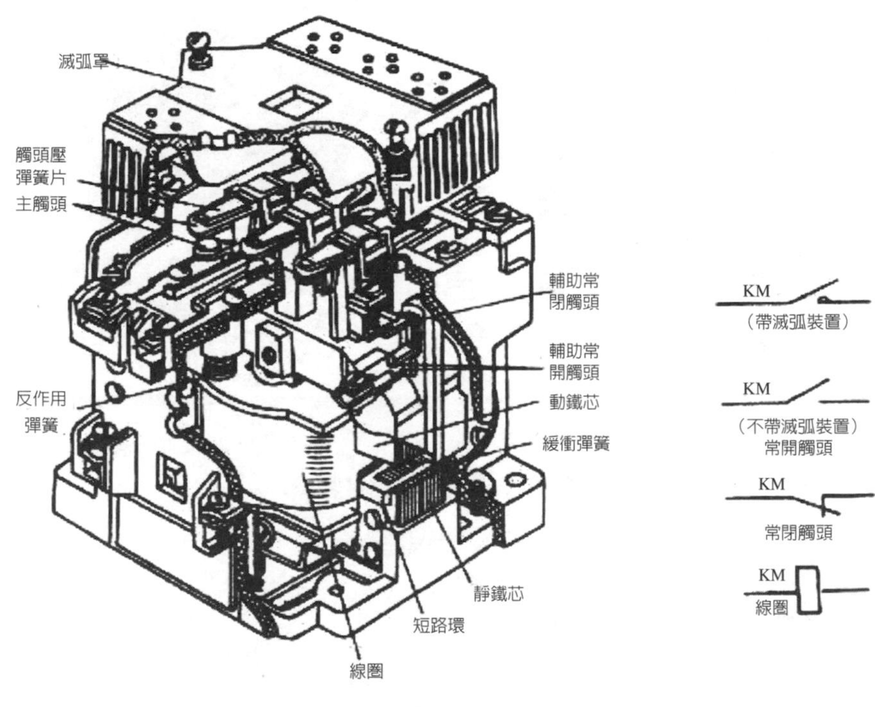

(A)KCJ-20型交流接觸器結構原理　　(B)符號圖

圖6-22　交流接觸器結構原理圖

交流接觸器的工作原理：**圖6-22**是KCJ-20交流接觸器的工作原理示意圖。當電磁系統的鐵芯線圈通入交流電時，線圈產生磁場，鐵芯磁化成電磁鐵將銜鐵（動鐵芯）吸合；動觸點隨銜鐵的吸合與靜觸點閉合而接通電路；當線圈斷電或外加線圈電壓降低太多時，在彈簧的作用下，銜鐵釋放，動觸點斷開。

中國常用的交流接觸器有CJ0、CJ10、3TB等系列。它們的鐵芯都爲山形。爲了減小渦流損失，動、靜鐵芯都由矽鋼片疊成；此外，爲了防止鐵芯在吸合時產生震動和噪音，在鐵芯的端部都裝有短路環。

(A)LEC-0910交流接觸器

(B)CJ0-20交流接觸器

圖6-23　交流接觸器實物圖

(四)按鈕、低壓開關的選用

■按鈕

按鈕通常是用來短時接通或斷開小電流的控制電路的開關。目前按鈕在結構上是多種形式的：旋鈕式——用手鈕動旋轉進行操作；指示燈式——按鈕內裝入信號燈以顯示信號；緊急式——裝有蘑菇形鈕帽，以表示緊急操作。

火化設備中常用的按鈕爲LA系列，其形狀見**圖6-24**。

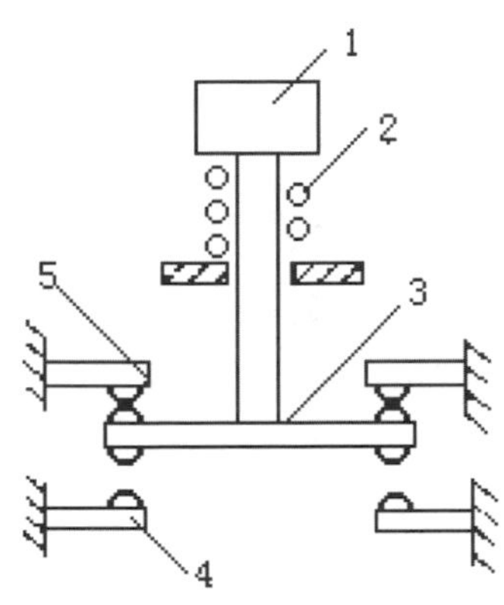

(A)外形　　　　(B)結構

圖6-24　LA19型控制按鈕

■刀開關

刀開關主要作用是接通和切斷長期工作設備的電源。

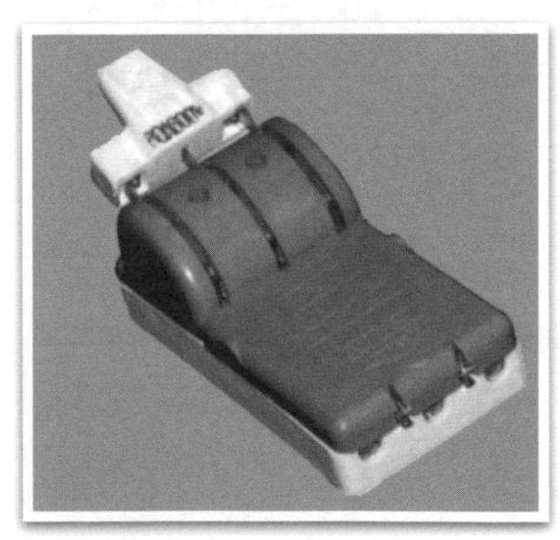

(A)外形圖　　　　(B)結構

圖6-25　三相刀開關

一般火化機中的刀開關的額定電壓不超過500V，額定電流由10A到幾百安左右。不帶熔斷器的刀開關的主要型號有HD型和HS型，帶熔斷器的刀開關有HR3系列。

刀開關主要根據電源的種類、電壓等級、電動機容量、所需極數，以及使用場合來選擇，其結構見**圖6-25**所示。

■自動空氣開關

自動空氣開關又稱自動空氣斷路器。它的主要作用是用來接通或分斷主電路，並有欠壓和超載保護作用，其結構與工作原理如**圖6-26**所示。

選擇自動空氣開關考慮其主要參數：額定電壓、額定電流和允許切斷的極限電流等。自動空氣開關脫扣器的額定電流等於或大於負載允許的長期平均電流：自動開關的極限分斷能力要大於或等於電路最大短路電流。

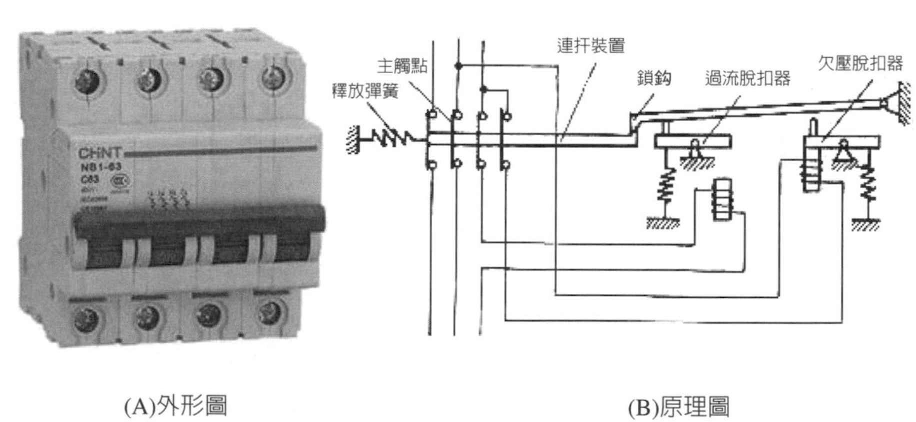

(A)外形圖　(B)原理圖

圖6-26　空氣開關

■組合開關

組合開關主要是作爲電源引入開關，所以也稱電源隔離開關。它也可以起停5KW以下的異步電動機。組合開關的圖形符號如**圖6-27**所示。

圖6-27 組合開關

組合開關主要是根據電源種類、電壓等級、所需觸點數及電動機容量進行選用。火化機常用的組合開關爲HZ-10系列，其額定電流爲10、25、60和100A四種。適用於交流380V以下，直流220V以下的電氣設備中。

(五)繼電器

繼電器是用作根據一定的信號（如電壓、電流、時間、速度等）來接通或分斷小電流電路和電器的控制元件。繼電器一般不是用來直接控制主電路的，而是透過接觸器或其他電器來對主電路進行控制，因此，與接觸器相比較，繼電器的觸頭斷流容量較小。繼電器的種類很多，按照它在自動控制系統中的作用，可分爲控制繼電器和保護繼電器兩大類。控制繼電器主要包括中間繼電器、時間繼電器和速度繼電器等。保護繼電器主要包括熱繼電器、電壓繼電器和電流繼電器等。

■中間繼電器

中間繼電器主要在電路中起信號傳遞與轉換作用，用它可實現多路控制，並可將小功率的控制信號轉換爲大容量的觸點動作，以驅動電氣元件工作。中間繼電器觸點多，可以擴充其他電器控制作用，**圖6-28**爲中

圖6-28　中間繼電器

間繼電器的結構原理圖。

選用中間繼電器，主要是依據控制電器的電壓等級，同時還要考慮觸點的數量、種類及容量是否滿足控制線路的要求。

■時間繼電器

時間繼電器是火化設備中常用的一種電器元件之一，它是控制線路中的延時元件，按其工作原理可分爲：

・空氣阻尼式時間繼電器

空氣阻尼式時間繼電器是利用空氣阻尼延時的原理製成的。它的特點是延時範圍較寬，可達0.4～18秒，工作可靠，是火化設備中常用的時間繼電器。**圖6-29**即爲空氣阻尼式時間繼電器的結構原理圖。

時間延時繼電器一般有通電延時繼電器和斷電延時繼電器兩種類型。

圖6-29是通電延時繼電器的結構原理，從圖中可以看出，當線圈通電時，銜鐵向上吸合，拉杆在原來被壓縮的彈簧作用下，開始向上移動，但與拉杆相聯的橡皮膜在向上運動時要受到空氣的阻尼作用，所以，拉

杆向上作緩慢運動，與拉杆相聯繫的槓桿運動也是緩慢的，經過一定時間後，拉杆運動到最上端，槓桿將微動開關XK_2壓動，使常閉觸點斷開，常開觸點閉合。這兩對觸點都是在時間繼電器通電後，經過一定時間的延時後才動作的，所以，分別稱為延時斷開和延時閉合觸點。延時的長短可以調節螺釘改變進氣口的大小來實現。而微動開關XK_1是在銜鐵吸合後立即動作，所以，微動開關的觸點稱為瞬時動作觸點。

(A)外形

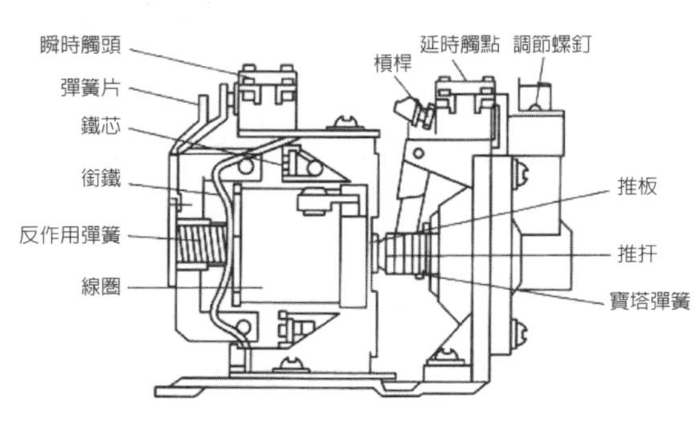

(B)通電延時型原理

圖6-29　JS7－A型空氣阻尼式時間繼電器

・電子式時間繼電器

電子式時間繼電器是透過電子線路控制電容器充放電的原理製成的。它的特點是體積小，延時範圍可達0.1～300秒，其實物如**圖6-30**所示。

・電動式時間繼電器

它是利用同步電動機的原理製成的。它的特點是體積較大，結構複雜，但延時時間長，可調範圍寬，可從幾秒到數十分鐘，最長可達數小時。

選擇時間繼電器，主要考慮控制回路所需要的延時方式（通電延時或斷電延時），以及瞬時觸點的數目，根據不同的使用條件選擇不同的類型的電器。

圖6-30　電子式時間繼電器

時間繼電器根據其工作原理可分爲：通電延時接通、通電延時斷開、斷電延時接通、斷電延時斷開四種類型，其符號如**圖6-31**所示。

■熱繼電器

熱繼電器是一種保護電器，主要是利用電流的效應來使觸頭動作的。它是利用兩塊熱膨脹係數不同的雙金屬片，當電路中通過的電流大

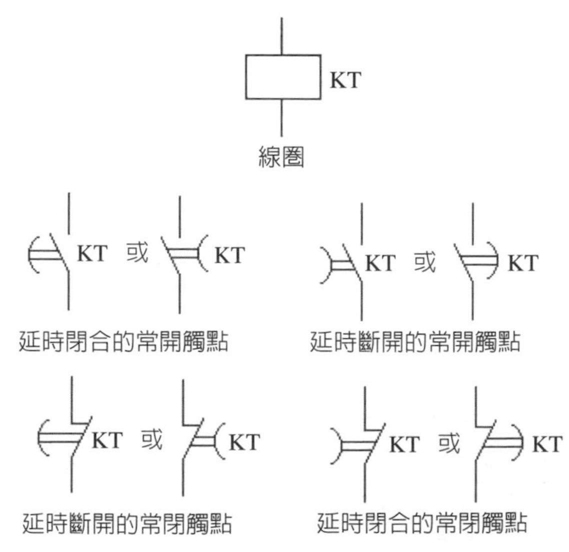

圖6-31　時間繼電器四種符號

於其額定電流時，會使金屬片的溫度升高並彎曲變形而推動觸頭動作，因其常閉觸頭是與接觸器的吸引線圈相串聯的，所以當熱繼電器的觸頭動作後，接觸器的線圈將斷電，從而將主電路中的主觸頭分斷，電動機停轉，達到超載保護的目的。**圖6-32**為熱繼電器的結構原理圖。

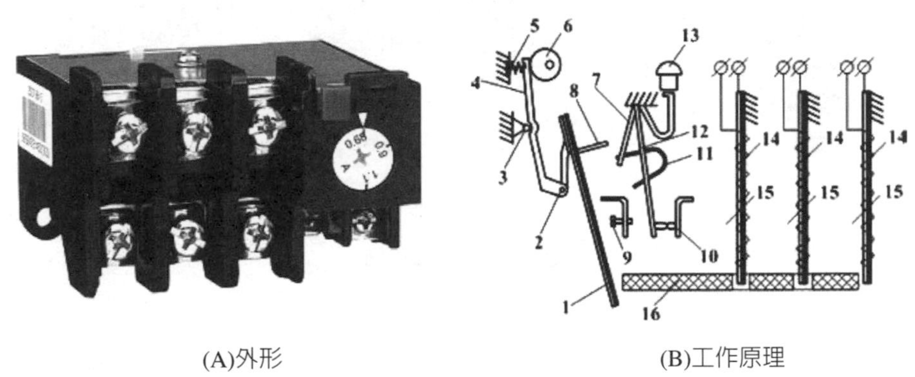

(A)外形　　(B)工作原理

圖6-32　熱電器

選擇熱繼電器，主要考慮其額定電流、熱元件的整定電流以及控制回路的工作類型等。

(六)行程開關

行程開關又稱為限位開關或終點開關。它是根據生產機械的行程（位置）而自動切換電路，實現行程控制，限位控制或程式控制。有觸點的行程開關是利用生產機械的某些運動部件的碰撞而動作。當運動部件撞及行程開關時，其觸點改變狀態，從而自動接通或斷開電路。有觸點行程開關分直線運動式和旋轉式兩類。

當控制電路工作時，閉合電源開關，按QA電動機D轉動開始工作。當機身運動部位的撞塊，撞到行程開關X是時，其常閉觸點斷開，電動機自動停轉。如需重新工作時，再次按下起動按鈕QA，電機又重新運轉起來。

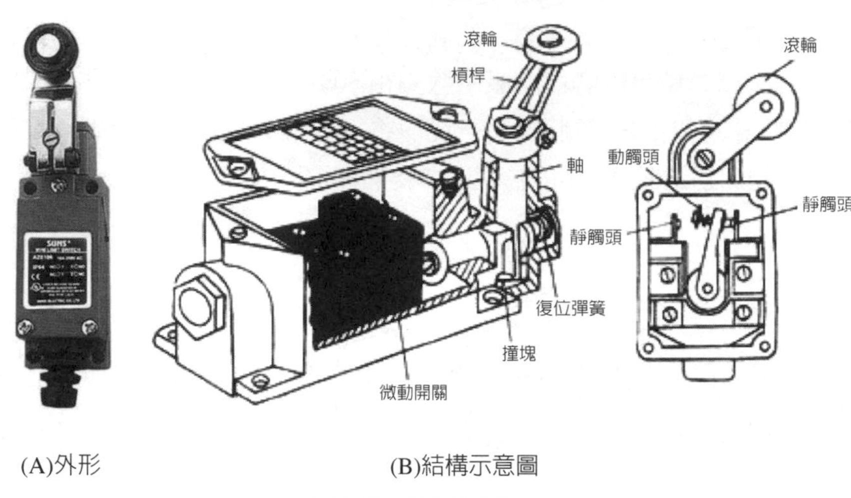

(A)外形　　(B)結構示意圖

圖6-33　行程開關

(七)熱電偶

熱電偶的作用是測量爐膛內的溫度的變化，並將其變化轉變爲電訊號，以達到即時控制目的，熱電偶的實物如**圖6-34**所示。

火化機中的熱電偶主要採用鎳鉻式或鎳矽式兩種，共裝有兩個，主燃燒室一個，再燃燒室一個。

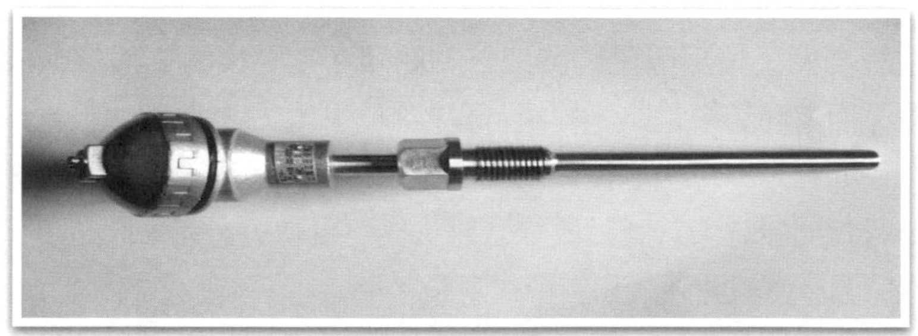

圖6-34　熱電偶

三、火化機常用電路的工作原理

根據火化設備中電氣電路特點，本節從三個方面對火化機的電氣電路原理進行介紹。一部分主要介紹基本電路的原理，包括電動機的起動電路，電動機的正、反轉控制電路，點動和聯鎖控制電路，以及行程控制、延時控制電路等。二部分主要是對典型火化設備電氣控制線路進行的分析。第三部分介紹火化設備中PLC控制電路和煙氣監控電路的一些基本原理。

基本電路原理

■電動機起動控制電路

三相異步電動機有直接起動和降壓起動兩種起動模式，由於火化設備中常用電動機的功率不是很多，所以多採用直接起動的方式，常用起動方式一般採用組合開關或交流接觸器起動。

圖6-35為直接採用組合開關Q進行直接起動的電路。

圖6-36為電動機採用接觸器直接起動線路，如火化機中的主燃燒器電機、引風機、鼓風機、煙閘升降電機等均是採用這種方式起動的。

控制線路中的接觸器輔助觸點KM是自鎖觸點。其作用是，當放開起動按鈕SB_2後，仍可保證KM線圈通電，電動機運行。通常將這種用接觸器本身的觸點來使其線圈保持通電的環節稱作自鎖。

■電動機的正、反轉控制電路

在火化機中煙閘要經常根據燃燒時爐膛內壓力的需要進行升降運動，這就要求帶動煙閘的電動機能實現正、反轉控制。在電工學中我們知道，只要把電動機的定子三相繞組任意兩相對調一下再接入電源中，電動機定子相序即可改變，從而就能使電動機改變轉向。

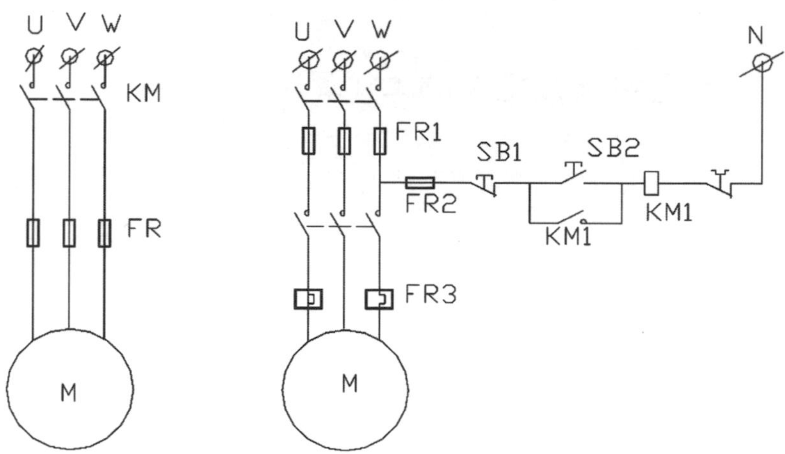

圖6-35　刀開關直接起動電路　　　圖6-36　用接觸器直接起動電路

如果我們兩個接觸器KM_1和KM_2來完成電動機定子繞組相序的改變，那麼由正轉與反轉起動電路就可以結合起來成爲電動機正、反轉的控制電路。

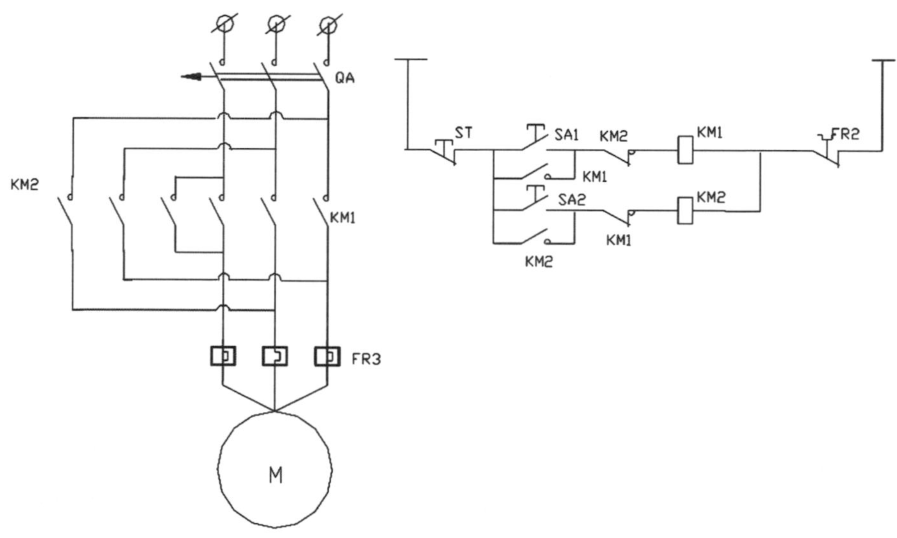

圖6-37　異步電動機正反轉控制電路

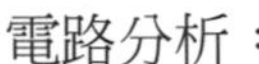
電路分析：

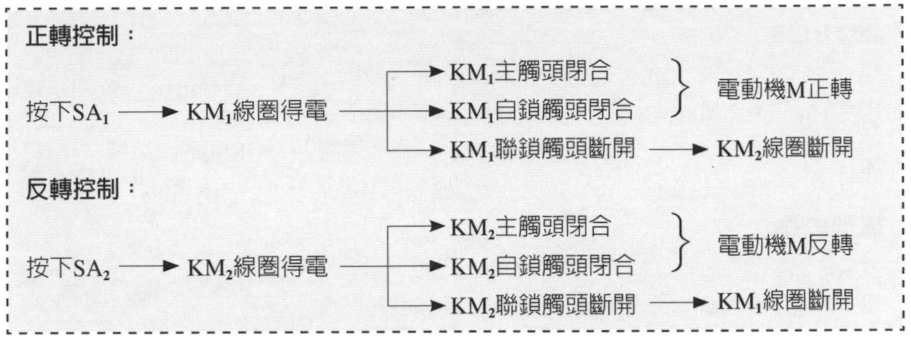

■行程控制電路

行程控制電路是利用行程開關對電路進行控制的電路。如火化機中爐門、煙閘、屍車的各種動作都必須相應的控制在一定的範圍內，這些範圍控制都是由行程開關來完成的。行程開關的圖形符號如**圖6-38**所示。

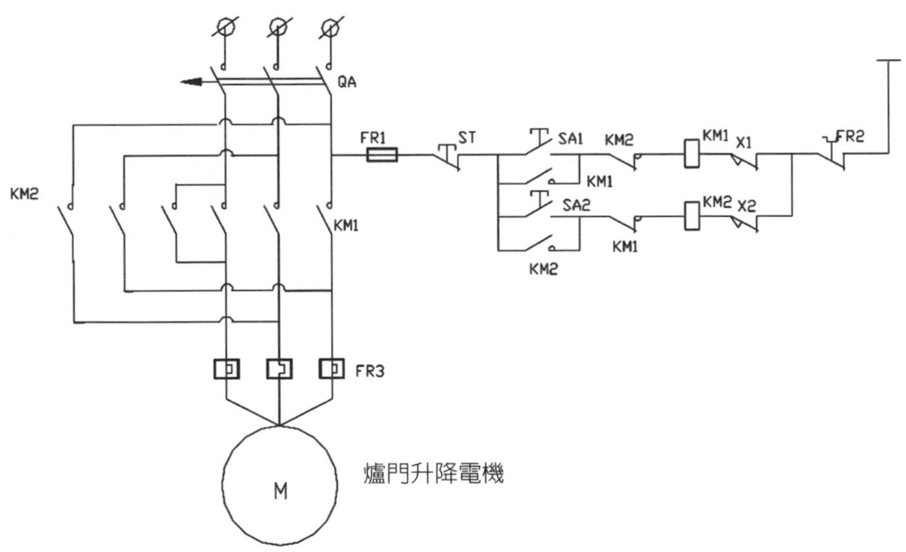

圖6-38　火化機爐門升降控制電路

電路分析：

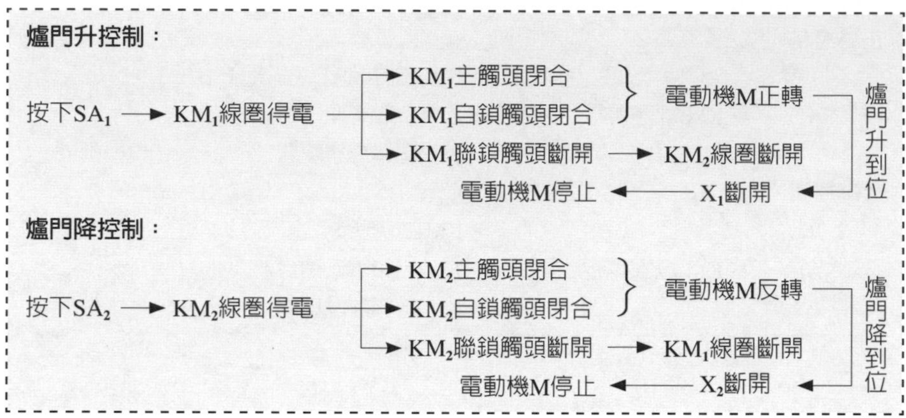

■時間控制電路

在火化機的自動控制中，常常會遇到一些要延長一定時間或定時地接通和分斷控制電路的情況，如屍車在進入預備室後，要等到爐門全部開啓後，方可進入爐膛內，當屍車完全退出爐膛後，爐門才能開始關閉；燃燒器工作過程中，供風、點火和供油等電路起動需要延時控制。在延時控制電路中，主要是由時間繼電器來達到延時效果的。

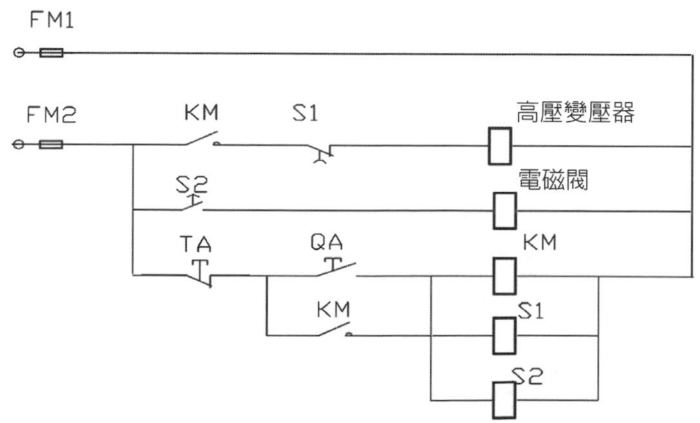

圖6-39　火化機燃燒器控制電路

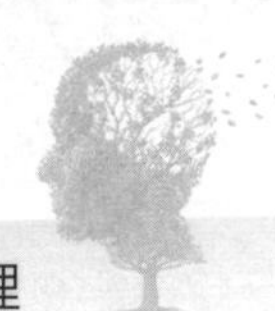

電路分析：

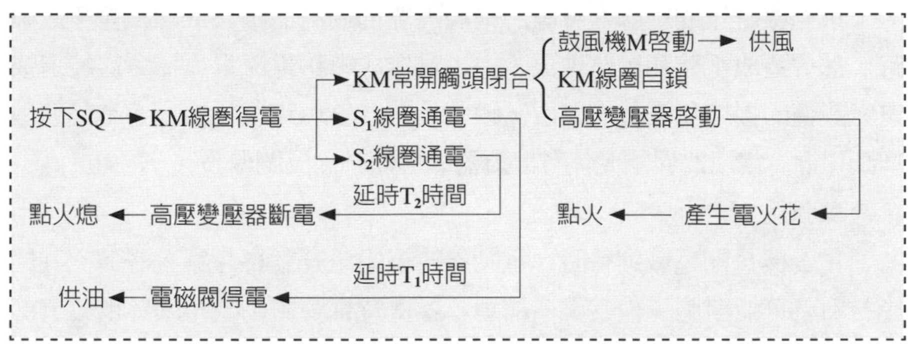

圖6-39爲火化機中燃燒器的點火控制電路。圖中S_1、S_2是兩個空氣阻尼式時間繼電器，其延時時間大約爲五秒。當按鈕QA接通後，KM線圈通電，其主觸頭閉合，主燃燒電動機起動，開始工作，其並聯在QA上常開觸頭閉合，形成自鎖，其串聯在主燃燒器變壓器上的常開觸頭也閉合，此時變壓器通電後，開始點火，同時，並聯在KM上的S_1和S_2的兩個繞組通電並開始工作。當延時五秒鐘後，S_2動作，其狀態由常開變爲接通，此時，電磁閥的線圈通電，其閥芯運動，燃料經噴油嘴霧化後噴入爐膛內，經變壓器點火後，開始燃燒。接著S_2動作，其狀態由常閉變爲斷開，變壓器斷電並停止打火，主燃燒器的點火工作結束。

■保護電路

火化設備電氣控制系統除了能滿足燃燒時要求外，要想長期的正常無故障運行，還必須有各種保護電路。保護環節是所有電氣控制系統中必不可少的組成部分，利用它來保護電動機、電氣控制設備以及人身的安全等，都是十分必要的。

電氣控制系統中常用的保護環節有超載保護、短路保護、零電壓和欠壓保護，以及弱磁保護等。在火化機控制系統中主要用到的是超載保護和短路保護，下面我們將對這兩種保護形式進行簡單的介紹。

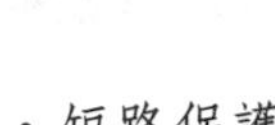

・短路保護

電動機繞組的絕緣、導線的絕緣因溫度過高而損壞或線路發生故障時，都會造成電路和短路現象，由短路造成短路電流很大，會直接造成電氣設備的損壞和人員的傷亡，因此，在產生短路現象後，必須迅速地切斷電源。常用的保護元件有熔斷器或自動空氣開關保護。

・超載保護

電動機長期超載運行時，電動機的繞組溫升就會超過允許值，其絕緣材料就可能變脆，使其壽命縮短，嚴重時會使電動機損壞，所以有必要採用超載保護元件來保護電動機等其他電器設備。常用的超載保護元件是熱繼電器。熱繼電器可以滿足電路的以下要求：當電動機爲額定電流時，電動機的溫升爲額定溫升時，熱繼電器不動作；當超載電流較小時，熱繼電器要較長時間才會動作；當超載電流較大時，熱繼電器會在較短的時間內切斷電源。

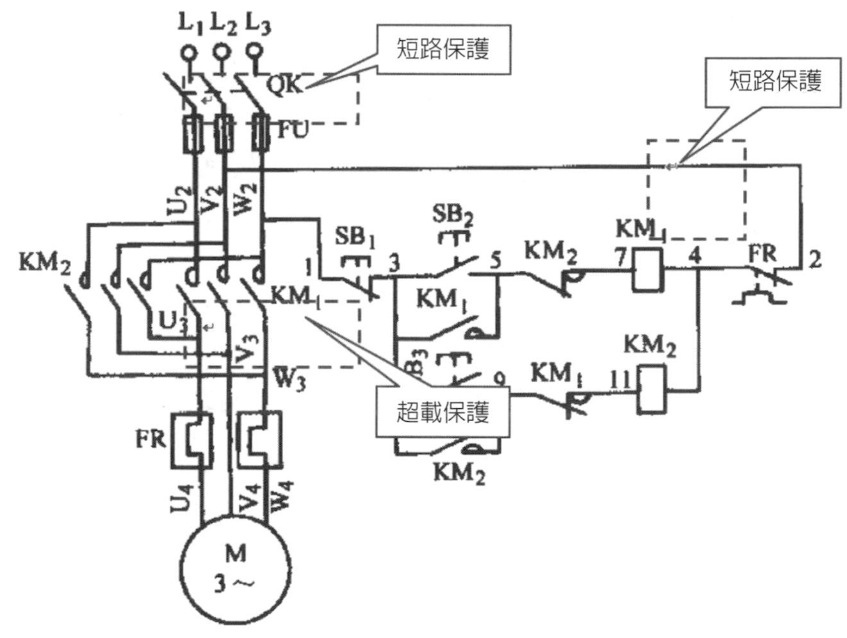

圖6-40　火化機保護電路

四、典型火化機電氣原理圖的分析

由於中國各地的殯儀館建館時間不同，所以各館的火化設備的檔次各有不同。在這裏以江西省南方火化機械製造總公司生產的火化設備爲例來分析火化設備的電氣原理圖，以供參考，具體火化機電氣控制原理圖請參看相關公司提供的資料爲準。

YQ系列的火化機控制電路（**圖6-41**）主要由二部分組成：

第一部分爲前廳控制：包括屍車、爐門、預備門等控制。

第二部分爲後廳控制：包括煙閘、引風機、鼓風機、油泵、電磁閥以及對爐溫和爐膛壓力進行測量和控制的電路。

下面就這二部分電路進行分析和介紹。

(一)前廳控制（預備門、爐門、屍車控制電路）

該部分電路主要包括兩部分：主電路和控制電路

■主電路

該主電路由三台電動機組成，M_1爲預備門開關的電動機，M_2爲控制屍車進退的電動機，M_3爲控制爐門升降的電動機。三相電源透過組合開關K將電源引入，FR_1、FR_2、FR_3分別爲M_1、M_2、M_3電動機的超載保護熱繼電器。KM_1、KM_2分別爲控制電動機M_1正反轉的接觸器，KM_3、KM_4分別爲控制電動機M_2正反轉的接觸器，KM_5、KM_6分別爲控制電動機M_3正反轉的接觸器。其控制原理如**圖6-42**所示。

■控制、顯示電路

該控制電路的電源是透過短路保護器FUSA和開關SY_1、ST引入220V電源。這部分控制電路可分爲手動和自動控制兩部分，當合上按鈕SY_2後，爲自動控制狀態，斷開SY_2，爲手動狀態。

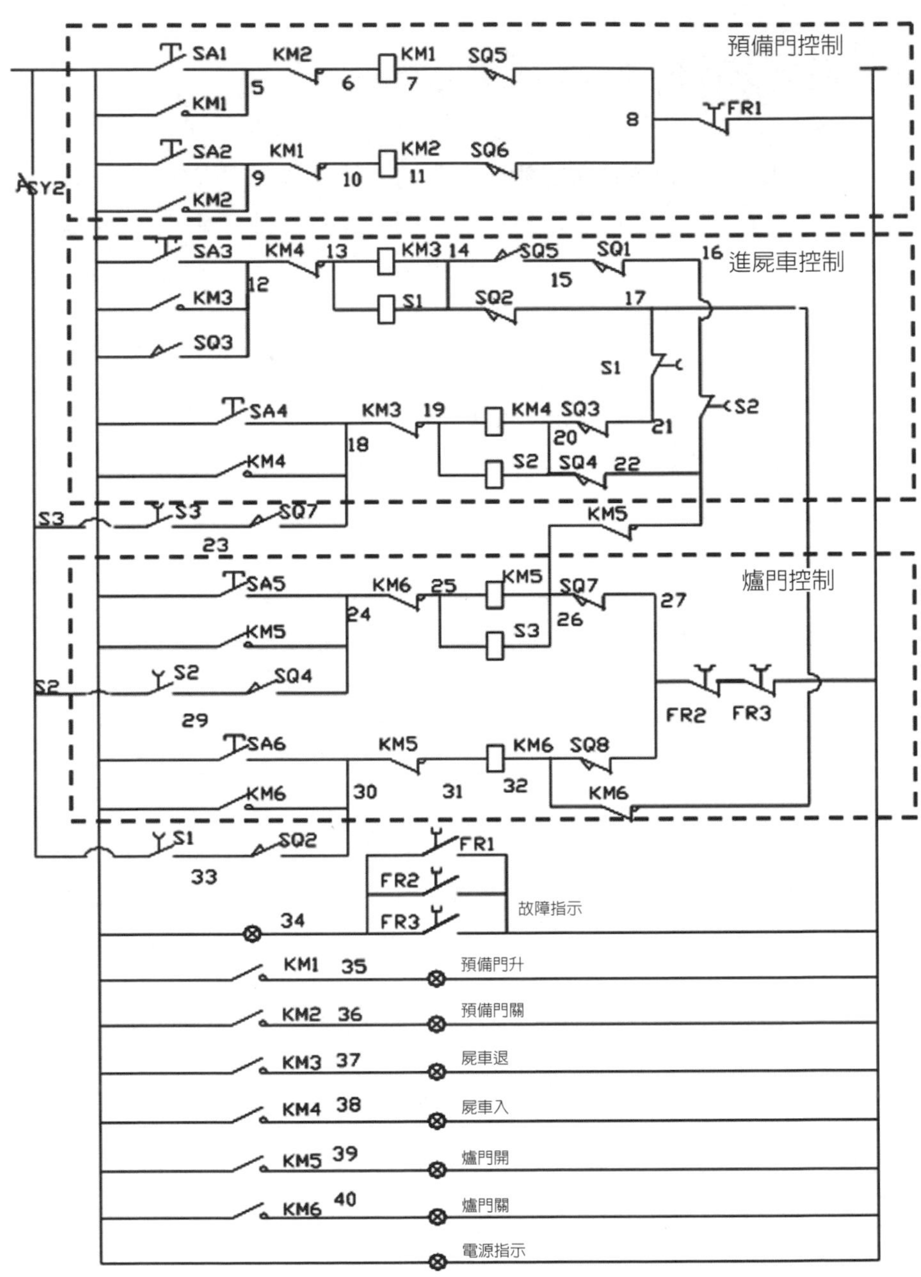

圖6-41　YQ型火化機預備門、爐門、屍車控制電路

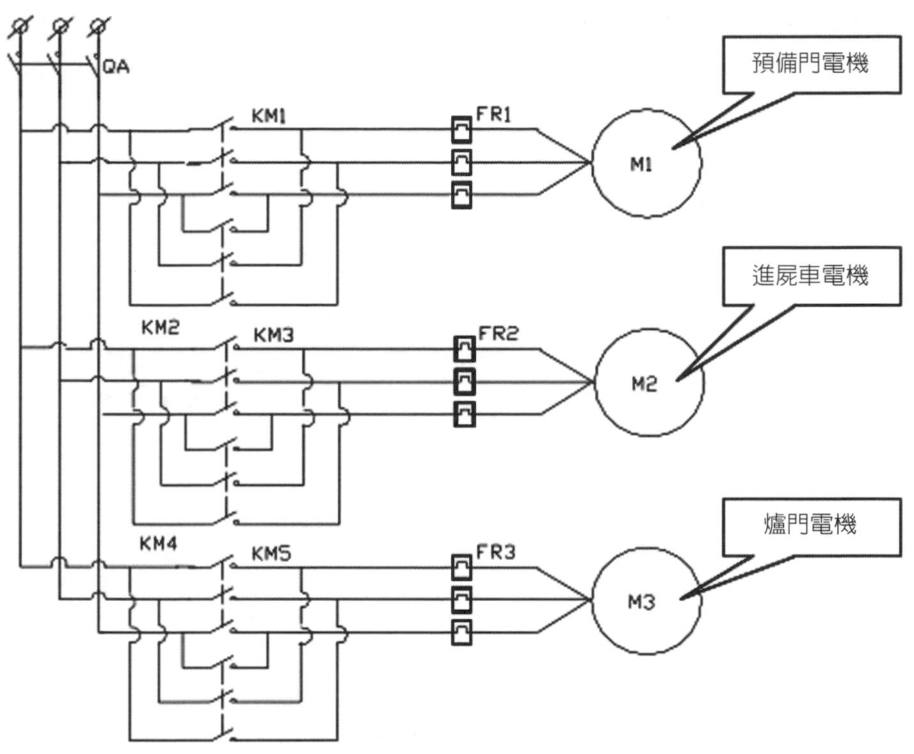

圖6-42　YQ型火化機預備門、爐門、屍車主電路

下面首先討論手動狀態的控制和操作（SY_2斷開）。

・預備門升、降控制回路

當按鈕SA_1接通後，KM_1通電，其主觸頭閉合，電動機M_1得電轉動並帶動預備門開啓，同時，預備門開的指示燈也亮起來，當預備門開啓到最高位置時，將推動行程開關SQ_5，使其狀態由常閉變爲斷開，KM_1斷電，電動機M_1停止轉動，顯示燈也隨之熄滅，預備門開啓動作結束。

當按鈕SA_2接通時，KM_2線圈通電，其主觸頭閉合，電動機M_1得電，此時因其相序發生改變，所以轉動方向也隨之改變，預備門開始下降，預備門關顯示燈亮起來，行程開關SQ_5復位，當預備門運動到最低位置時，將推動行程開關SQ_6動作，使其狀態由常閉變爲斷開，KM_2斷電，電動機M_1停止轉動，顯示燈熄滅，預備門關閉動作結束。

在這個控制電路部分，其「自鎖」和「互鎖」是分別通過KM_1和KM_2的輔助觸頭的動作來實現的。

電路分析：

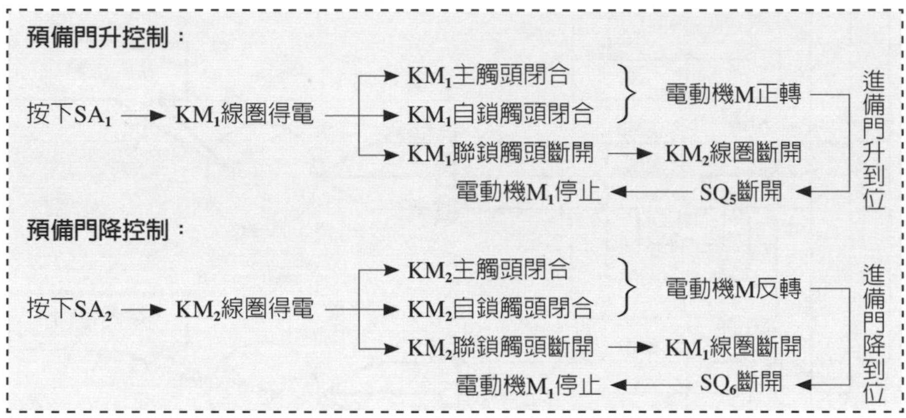

・進屍車控制回路

火化機的進屍車控制電路可分爲兩大部分：第一部分，屍車出預備室接屍和屍車接屍後進入預備室。第二部分，屍車入爐膛和屍車出爐膛。

第一部分屍車出預備室接屍和屍車接屍後進預備室電路。

按下SA_3後，KM_3線圈得電，並透過其常開輔助觸頭形成自鎖，其常開主觸頭閉合，電機M_2反轉，屍車退出預備門外進行接屍動作，當屍車退到預備門外的極限位置時，將推動行程開關SQ_1動作，由閉合轉爲斷開，屍車停止動作，完成退車接屍的動作。

當按下按鈕SA_4時，線圈KM_4得電，其常開主觸頭閉合，電機M_2正轉，屍車退回預備門內，當屍車退回到預備門內到位時，將推動行程開關SQ_4動作，由閉合變爲斷開，線圈KM_4斷電，屍車停止動作，完成遺體進入預備門的動作。以上電路均要求行程開關SQ_7要閉合（爐門關到位），否則電路無法接通。

電路分析：

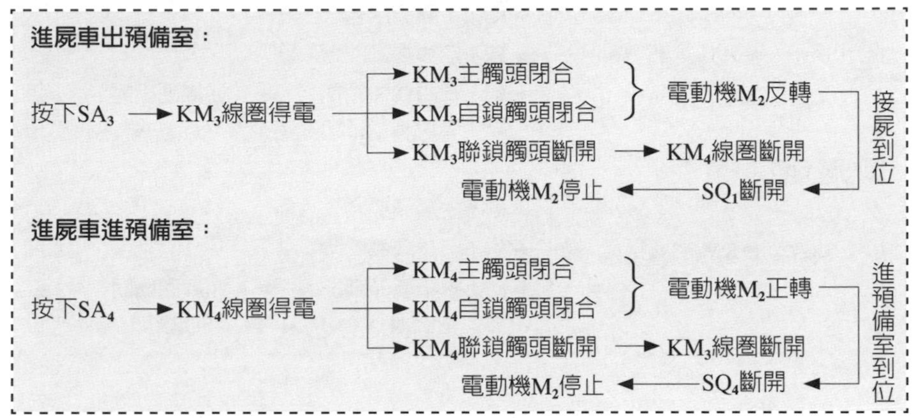

第二部分屍車入爐膛和屍車出爐膛電路。

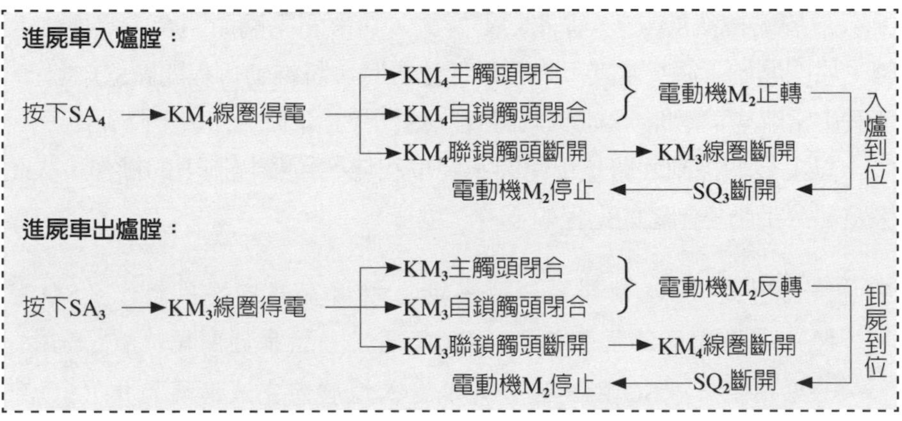

・爐門控制回路

電路分析：

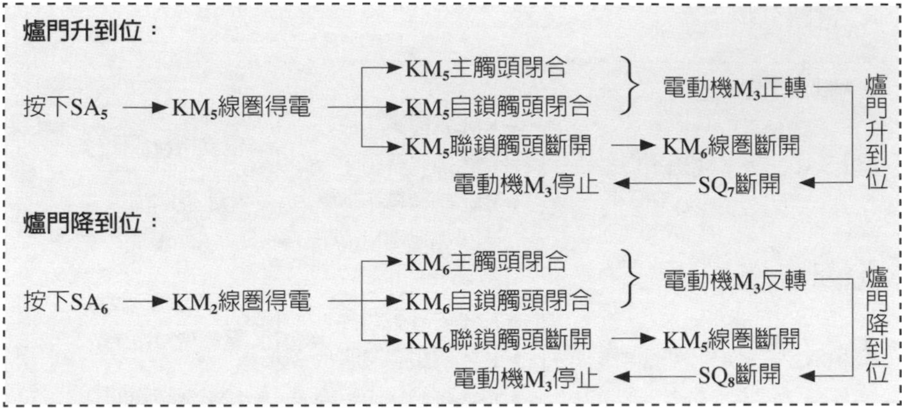

當按下按鈕SA_5時，線圈KM_6得電，其常開主觸頭閉合，電機M_3正轉，爐門開始上升，當其上升至最高位置時，將推動行程開關SQ_7動作，使其由常閉變爲斷開，線圈KM_6斷電，爐門停止上升，完成上升動作。

當按下按鈕SA_6時，線圈KM_7得電，其常開主觸頭閉合，電機M_3反轉，爐門開始下降，當其下降至最低位置時，將推動行程開關SQ_8動作，使其由常閉變爲斷開，線圈KM_7斷電，爐門停止下降，完成下降動作。

以上幾個控制回路是預備門、屍車和爐門單獨控制下的操作，火化機這部分手動控制總的過程如下：

預備門開（SQ_5斷開）→屍車退出預備室完成接屍動作（SQ_1斷開）→屍車退回預備室內（SQ_4斷開）→預備門關閉（SQ_6斷開）→爐門上升（SQ_7斷開）→屍車進入爐膛內完成進屍動作（SQ_3斷開）→屍車退出爐膛（SQ_2斷開）→爐門關閉（SQ_8斷開）→點火

當按鈕SY_2閉合時，火化機將進入自動控制狀態，但火化機的自動控制並不能將以上八個過程全部自動化，因爲在實際操作過程中，預備門開、屍車出預備室、屍車進預備室和預備門關的時間無法確定，因此，常是將後四個過程進行自動化控制，即：爐門開、屍車入爐膛、屍車出爐膛和爐門關。

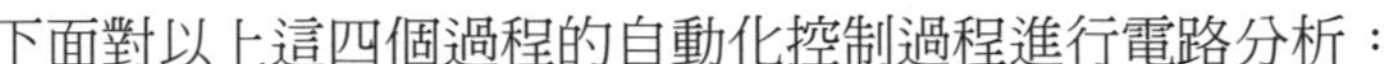

下面對以上這四個過程的自動化控制過程進行電路分析：

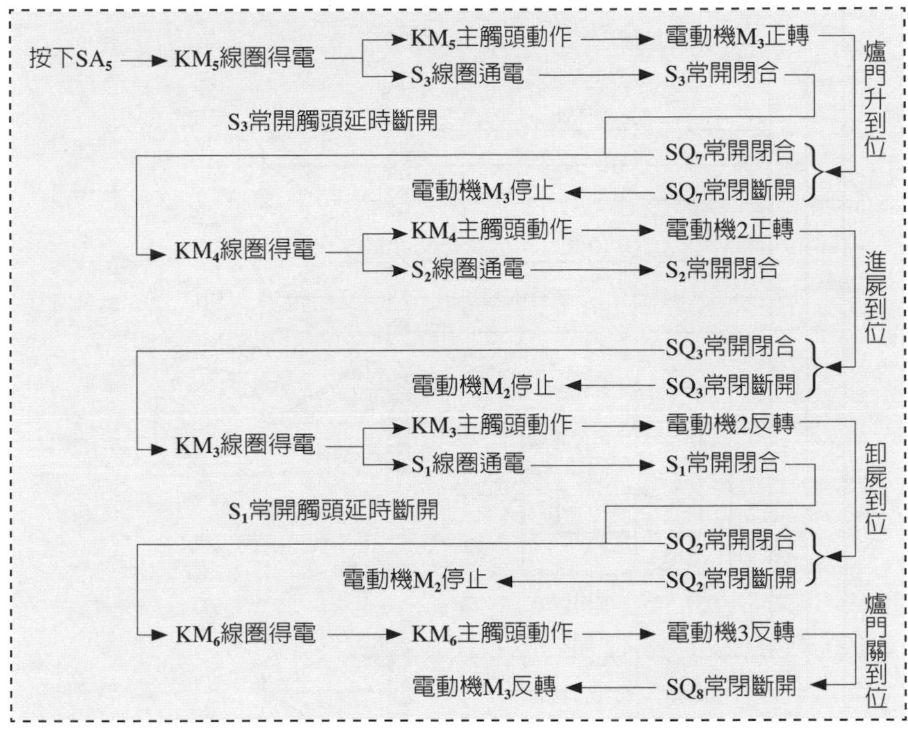

(二)後廳控制（煙閘、引風機、鼓風機、油泵等控制）電路

■主電路

YQ型火化機的煙閘、引風機、油泵等到主電路如**圖6-43**所示，三相電源是透過組合開關K引入，M_1爲引風電動機，M_2爲鼓風電動機，M_3爲煙閘升降電動機，M_4爲主燃燒器油泵電動機，M_5爲再燃燒器油泵電動機。KM_7、KM_8、KM_{11}、KM_{12}爲分別控制電動機M_1、M_2、M_4、M_5的接觸器，KM_9、KM_{10}分別爲控制M_3正反轉接觸器。FR_4、FR_5、FR_6、FR_7分別是各電動機的超載保護熱繼電器。在主電路中，再燃燒器的油泵電機是單獨用220V進行供電。

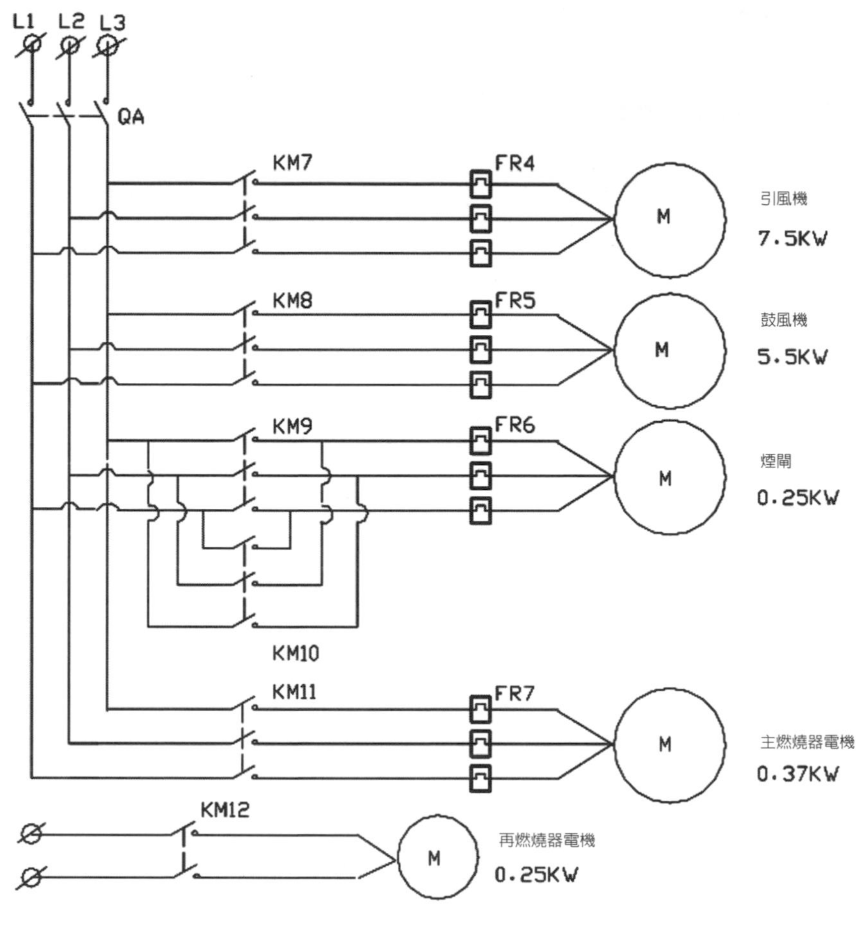

圖6-43　火化機控制電路

控制、顯示電路

該電路見**圖6-35**。這部分電路又分為手工控制和自動控制兩種狀態。

當SA的手柄打到手動控制時，K_7線圈通電，其主觸頭閉合，實現手動控制。當SA手柄打到自動控制時，K_8、K_9線圈通電，主觸頭閉合，此時的控制主要由電腦進行自動控制。現在主要討論手動控制的情況。

・引風機控制電路

當按鈕QA_7接通後，KM_7線圈得電，其主觸頭閉合，引風機開始工作，產生引射風。其常開觸頭閉合，形成與KM_7線圈的「自鎖」。TA_7爲停止按鈕。

電路分析：

按下QT_7 ──→ KM_7線圈通電 ──→ KM_7常開閉合 ──→ 引風機M啓動 ──→ 引風機開始工作

・鼓風機控制電路

當按鈕QA_8接通後，KM_8線圈得電，其主觸頭閉合，鼓風機開始工作，將煙塵從煙道中排出，其常開觸頭與其線圈形成「自鎖」，電路中TA_8爲停止按鈕。

電路分析：

按下QA_8 ──→ KM_8線圈通電 ──→ KM_8常開自鎖 ──→ 鼓風機開始工作

・煙閘升降控制電路

當按鈕QA_9接通後，KM_9線圈得電，主觸頭閉合，電動機M_3開始運轉，煙閘上升，當上升到最高位置時，將推動行程開關X_{11}動作，其狀態由常閉變爲斷開，電動機M_3斷電，煙閘停止上升。

當按鈕QA_{10}接通後，KM_{10}線圈得電，主觸頭閉合，電動機M_3因其相序發生改變，電動機將反轉，此時煙閘將下降，同時，行程開關X_{11}復位，當煙閘運動到最低位置時，將推動行程開關X_{12}動作，其狀態由常閉變爲斷開，KM_{10}線圈斷電，主觸頭斷開，電動機停止運轉，煙閘下降運動結束。

在這部分電路中，由KM_9、KM_{10}的觸頭進行「自鎖」和「互鎖」。在煙閘上升或下降過程中，其相應動作狀態的指示燈也會點亮。

電路分析：

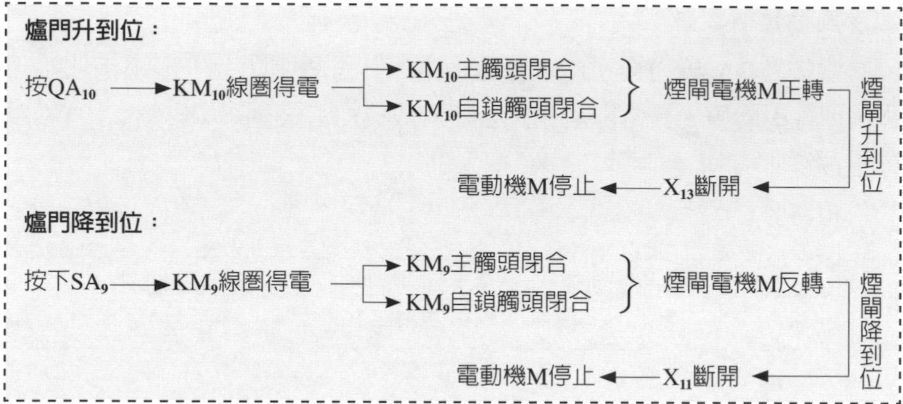

■主燃燒器油泵和再燃燒器油泵的控制電路

當按鈕QA_{11}接通後，KM_{11}線圈通電，其主觸頭閉合，主燃燒器油泵電機M_4開始工作，產生壓力油。另外，主燃燒器變壓器電路通電，開始進行點火。同時，時間繼電器KT_4、KT_6兩個線圈通電，當延時四至五秒後，KT_4接通。

主油泵電磁閥線圈通電，電磁閥打開，壓力油經噴油嘴噴入爐膛內，經點火變壓器點火後，開始燃燒。與此同時，KT_6也延時斷開，點火變壓器斷電，點火工作完成。

再燃燒器油泵的控制電路原理和主燃燒器油泵控制原理基本一致，請大家自己進行詳細分析。

在這兩部分控制電路中，TA_{11}、TA_{12}分別爲主油泵和再油泵的緊停按鈕，當遇到緊急情況時，可按下以切斷電路。在主油泵或再油泵進行工作時，控制電路將分別點亮其相應動作的指示燈，以表明其電路狀態。

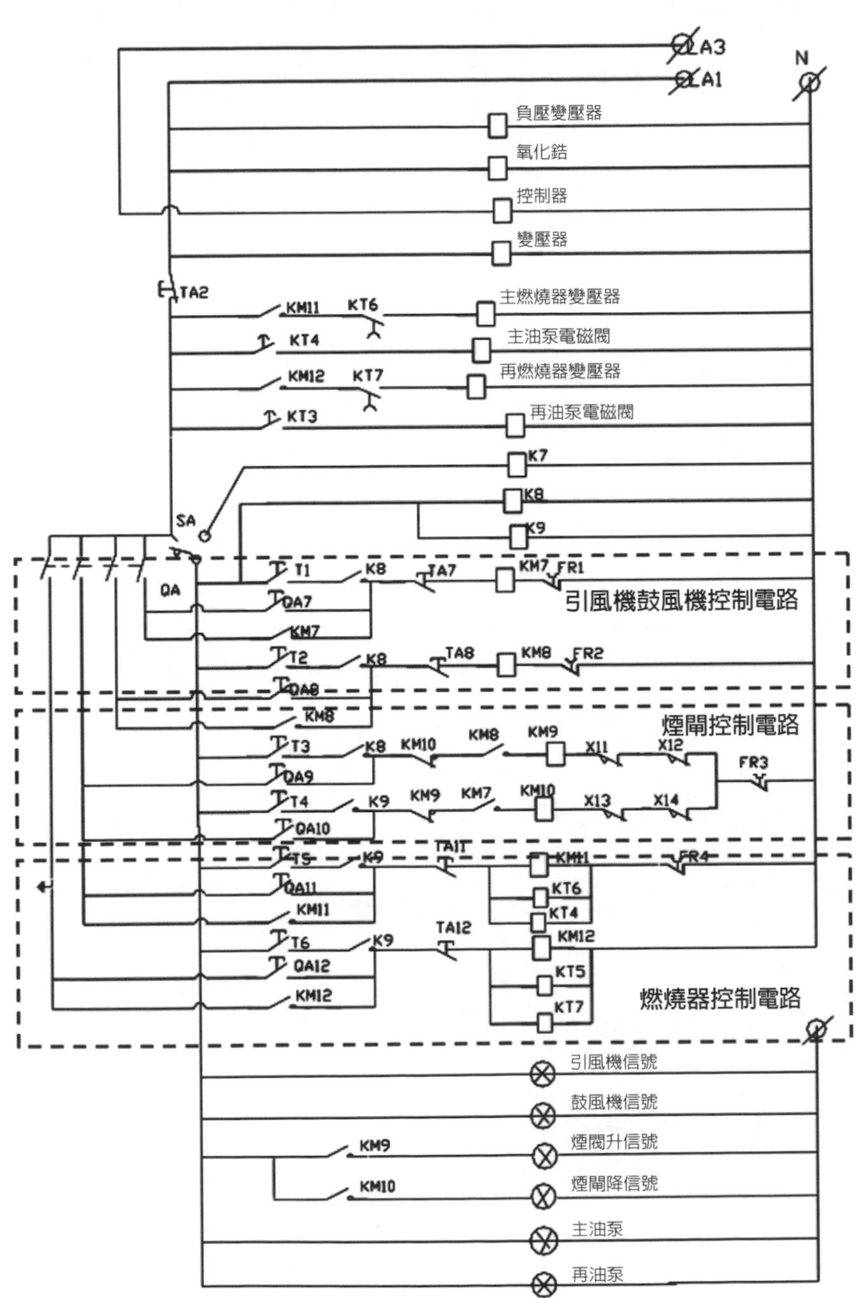

圖6-44　YQ型火化機的煙閘、引風機、油泵等控制電路

其電路分析如下：

・主燃燒器點火控制電路

電路分析：

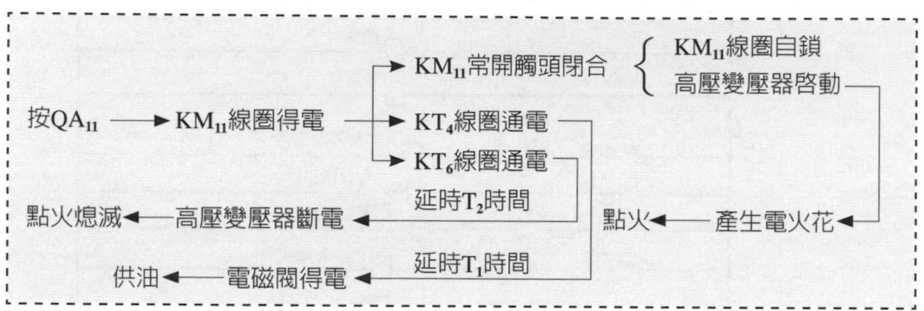

・再燃燒器點火控制電路

電路分析：

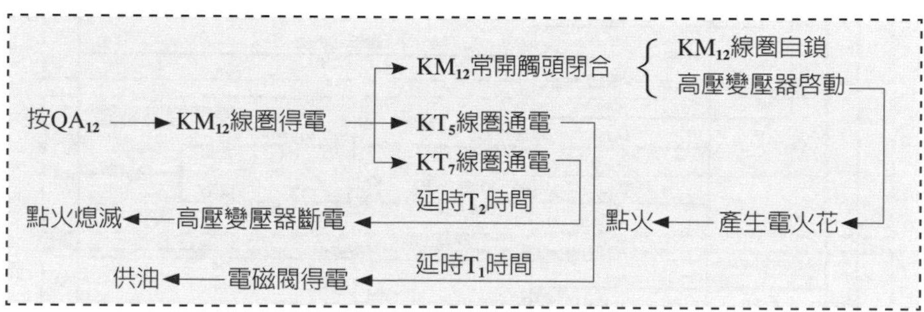

除以上幾個部分外，此控制電路還包括了負壓變送器、氯化鋰探測器，以及控制器和變壓器電路，這些電路結構比較簡單，這裏不再作分析。

以上幾個部分的控制電路是用手動進行控制的（手柄打到手動狀態）。當將手柄打到自動控制時，此控制電路就可實現電腦程式自動控制。下面就簡單地分析一下自動控制的情況。

當手柄SA由手動轉到自動時，中間繼電器K_8、K_9線圈分別得電，其主觸頭也由常開變爲閉合，隨後，再由控制器給出控制信號，分別控制

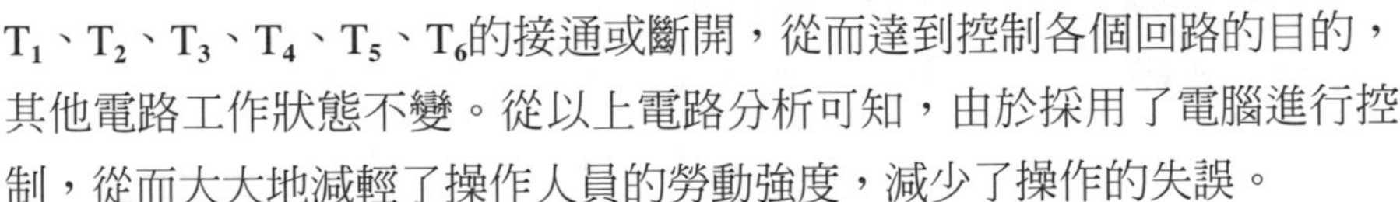

T_1、T_2、T_3、T_4、T_5、T_6的接通或斷開，從而達到控制各個回路的目的，其他電路工作狀態不變。從以上電路分析可知，由於採用了電腦進行控制，從而大大地減輕了操作人員的勞動強度，減少了操作的失誤。

五、PLC控制電路

火化設備中使用的電腦自動控制器，實際上就是工業上使用的可程式控制器（programmable controller，簡稱PLC），它是近一、二十年發展起來的一種新型工業用控制裝置。它可以取代傳統的繼電器控制系統實現邏輯控制、順序控制、定時、計數等各種功能，大型高檔的PLC還能像微型電腦那樣進行數位運算、資料處理、類比量調節以及網路通信等。它還具有通用性強、可靠性高、指令系統簡單、程式設計簡便、易於掌握等一系列優點，已廣泛應用於冶金、採礦、建材、石油、化工、機械製造、汽車、電力、紡織，以及我們的火化行業等領域。在自動化領域，可程式控制器與數控機床、工業機器人並稱爲加工業自動化的三大支柱。本節內容將簡單介紹火化設備中廣泛使用的可程式控制器的結構組成、功能特點、工作原理等內容。

火化設備中使用的可程式控制器是專爲火化爐的自動控制而設計的控制器，實質上也是一種工業控制專用電腦。它主要包括硬體和軟體兩大部分。

(一)PLC的硬體

PLC的硬體主要包括基本組成部分、I/O擴展部分和外部設備三大部分。

火化設備中的PLC機，其基本組成部分主要包括中央處理器（CPU）、記憶體、輸入介面、輸出介面、電源板等。

I/O擴展部分有數顯板、開關量輸出驅動板等。

(二)PLC軟體

PLC的軟體是指PLC工作所使用的各種程式的集合。它包括系統軟體和應用軟體兩大部分。

PLC的系統軟體也稱爲系統程式，是由PLC生產廠家編制的用來管理、協調PC的各部分工作，以充分發揮PLC的硬體作用，方便使用者使用的通用程式。通常是被固化在ROM中與機器的其他硬體一起提供給使用者的。一般系統程式包括以下功能：系統組態登記及初始化、系統自診斷、命令識別及處理、使用者程式編譯以及模組化副程式及調用管理等。

PLC的應用軟體也稱爲應用程式，是使用者根據系統控制的需要用PLC的程式語言編寫的。在我們的火化設備中使用的PLC的應用程式主要是透過組合語言進行編寫的，其特點是便於快速測量和即時控制資料，並可隨時根據運行的經驗，對設定的技術參數進行更改。

(三)火化設備中使用的可程式控制器的工作原理

火化設備的可程式控制器主要是對火化爐在工作時各種參數進行處理，並產生相對控制的指令，從而實現對焚化的各個階段進行自動控制的目的。下頁圖是其PLC控制的基本過程。

(四)火化設備可程式控制器的操作步驟

1.先合上控制器和主回路電源，按下「引風機開／關」啓動引風機。

2.按下「煙閘」鍵後，再按「上升」鍵，使爐膛內的負壓大於-80PA。

3.進遺體後，根據遺體的胖瘦來選擇合適的程式，在送屍車控制箱上按下「程式1」爲普通遺體、「程式2」爲胖遺體、「程式3」

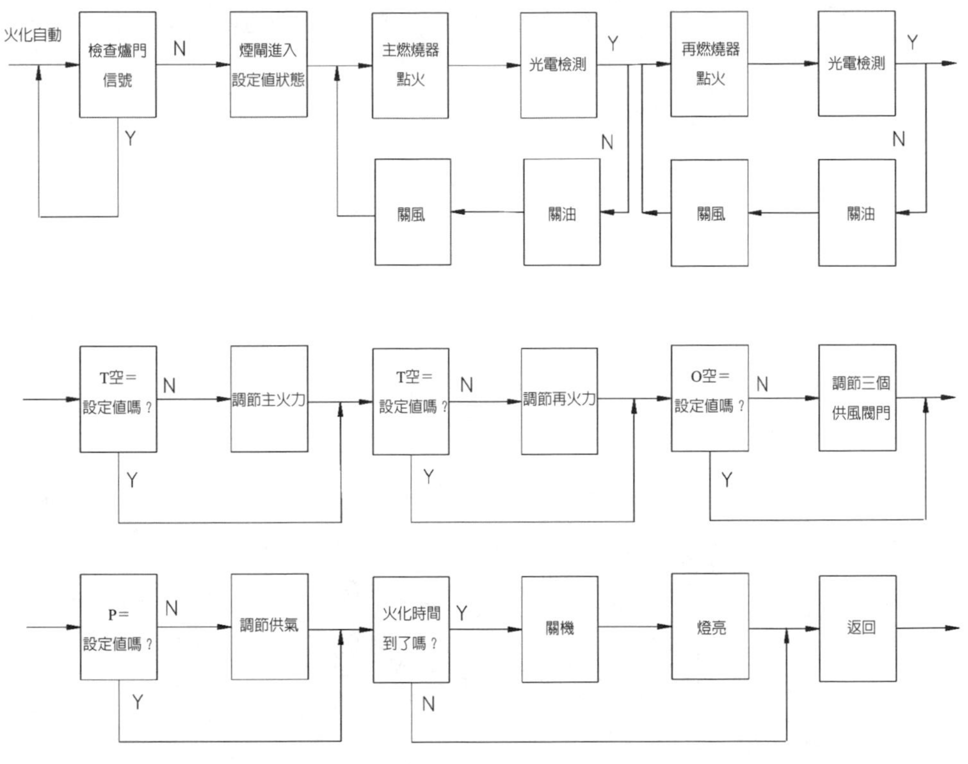

為小孩遺體，待爐門關閉後再按下「鼓風機開／關」鍵啓動鼓風機。

4.遺體在高溫下自燃約八分鐘後，按下「主爐1點火」鍵，主燃燒室被點燃。

5.進行自動控制。先按下「手／自」鍵，再按下「自動火化」鍵，整個系統將進入自動運行階段。待預定的火化時間結束，系統將關閉鼓風機，自動退出自動火化狀態，進行手動火化狀態。若遺體仍未火化結束，按下「鼓風機開／關」鍵，啓動鼓風機再進行火化；若遺體已火化完畢，按下「主爐1點火」鍵，關閉主燃燒室噴油。

6.耙灰後，再按下「煙閘」鍵，然後再按下「上升」鍵，使爐膛內的負壓再次下降到-80PA，最後按下「完成」鍵，整個焚化過程完成。

7.補充說明：(1)其系統在自動火化過程中，萬一出現緊急情況，請按下「手／自」鍵一次，系統將退到手動操作狀態。(2)遺體全部火化完畢後，準備停機時，請先按「鼓風機開／關」鍵關閉鼓風機，然後再按下「引風機開／關」鍵或「關機」鍵，關閉整個系統，最後按下「煙閘」鍵和「下降」鍵，使爐膛的負壓小於-20PA，實現爐膛保溫，然後關閉控制器主回路電路。實際火化機的PLC運行介面如**圖6-45**所示。

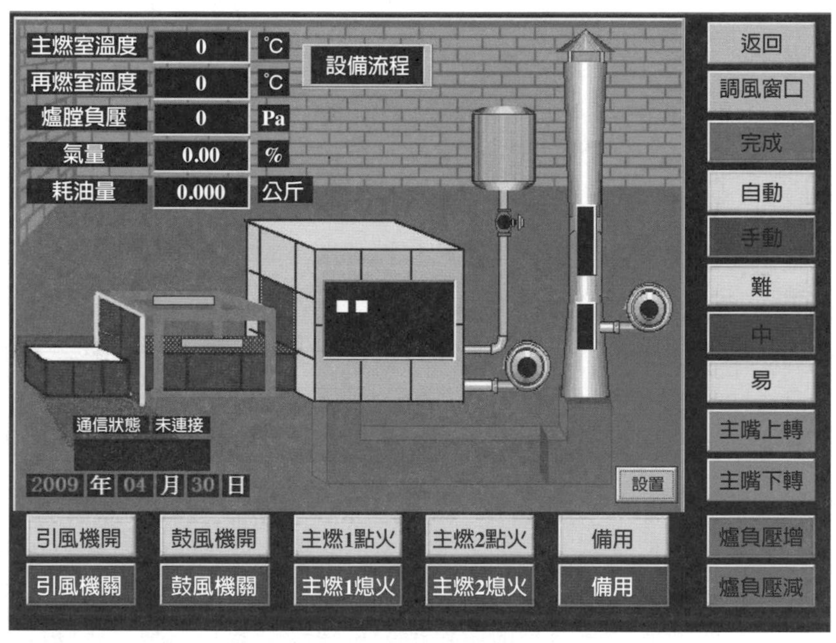

圖6-45　火化機PLC控制

第五節　排放系統

火化機的排放系統主要由煙氣後處理系統、排煙系統和煙氣監控組成。煙氣後處理系統的作用是處理遺體焚化時產生的煙氣中汙染物質，一般由換熱裝置、除塵裝置和除臭裝置幾個部分組成。排煙系統是將燃料燃燒、焚化物燃燒所產生的各種氣體排入大氣中去的裝置，主要由排煙機構、煙道、引射裝置和煙囪組成。煙氣監控系統是對火化機排放煙氣的形態、顏色等進行監控，幫助火化師即時監控火化機工作情況，便於後繼操作。

火化機的輸出部分組成結構如**圖6-46**所示。

一、排煙系統

排煙系統是指將燃料、遺體和隨葬品燃燒產生的各種氣體排入到大氣中去的配套裝置。它主要是利用氣體從一點流到另一點時所形成的氣壓差，而產生的抽力將煙氣排出爐外的。火化機的排煙裝置主要由煙

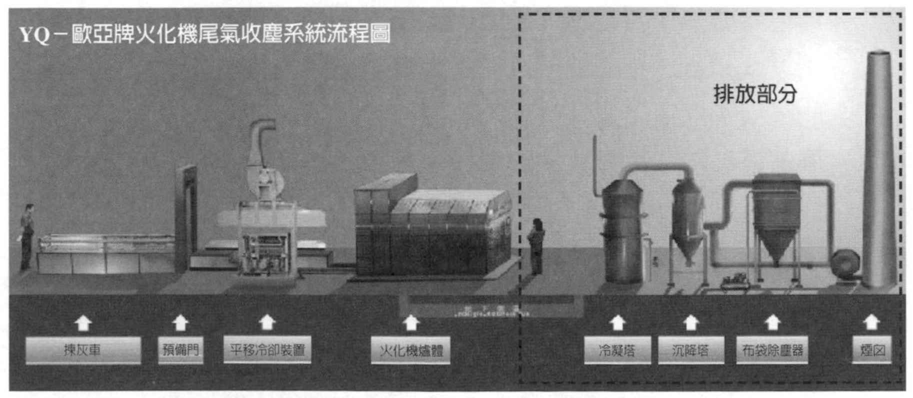

圖6-46　火化機輸出部分結構示意圖

閘、煙道、煙囪等幾個部分組成。

(一)煙道

煙道是連接燃燒器與排煙系統的通道，主要是爲煙氣的排放提供通路。由於煙道是煙氣從燃燒器流向排煙系統的主要通道，所以在設計安裝時要注意以下幾個技術要求：

1.盡可能的保持煙道的暢通，特別不能有直角彎道，這樣有利於減少煙氣流動時的阻力，能夠使煙氣流動暢通。

2.煙道的結構要求有利於煙氣的無焰燃燒。所謂無焰燃燒是指煙氣透過主燃燒室和再燃燒室的充分燃燒、分解、氧化後，殘餘的汙染物質在高溫下繼續在煙道中進行燃燒、分解、氧化，由於這種燃燒是看不見火焰的，所以又稱爲無焰燃燒。

3.煙道的結構和體積上必須有利於彌補主燃燒室和再燃燒室煙氣滯留時間不足的問題。燃燒是否充分與煙氣的滯留時間是緊密相關的，煙氣在燃燒室內滯留時間越長，燃燒就充分。由於在設計火化機時爲了減小體積和節約能源，所以火化機的主燃燒室和再燃燒室的體積就不可能過大，從而就無法使煙氣在燃燒中有過多的滯留時間，這一滯留時間不足的問題就由煙道進行彌補。

4.煙道內必須保持乾燥，不能出現積水的現象。如果煙道內出現了潮濕或積水，煙氣就不可能實現無焰燃燒，同時，煙氣中的殘餘的汙染物還對金屬有較強的腐蝕作用，會直接損壞排煙系統的金屬部分，造成排煙系統的損壞，嚴重地影響火化機的整體技術性能，所以，這種現象要儘量避免產生。

5.燃燒室與煙道的聯接處，必須要有清灰井。因爲煙道在長期工作後，會在內部產生積灰的現象，如果不及時進行清理，就有可能加大對氣流的阻力，嚴重的話可能會導致煙道的阻塞，所以，要透過清灰井對煙道進行經常的清理，以防止此種現象的產生。

根據以上的幾個方面的技術要求，一般將煙道設計爲半圓拱型，如**圖6-47**所示，其橫截面積S可用以下公式進行計算：

$$S=\frac{W_{煙}}{3600\times V_{煙}}$$ 單位（M^2）

式中：$V_{煙}$＝排煙量，單位M^3/H

$W_{煙}$＝煙氣在煙道中的流速M/S

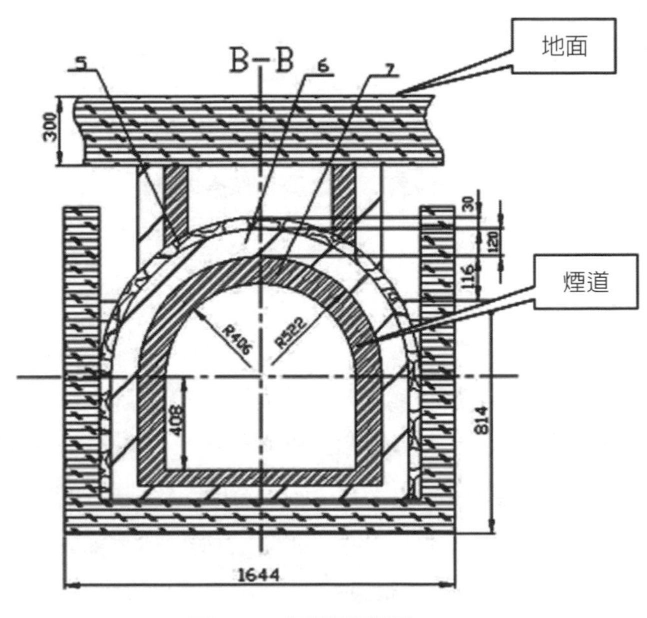

圖6-47　煙道橫截面

(二)煙閘

火化機煙閘主要用於控制煙道內煙氣流量，從而實現對火化機爐膛負壓的調節。煙閘一般安裝在火化機煙道內，透過電動或手動的煙閘升降裝置，實現煙氣流量的控制，其結構與工作原理如**圖6-48**所示。

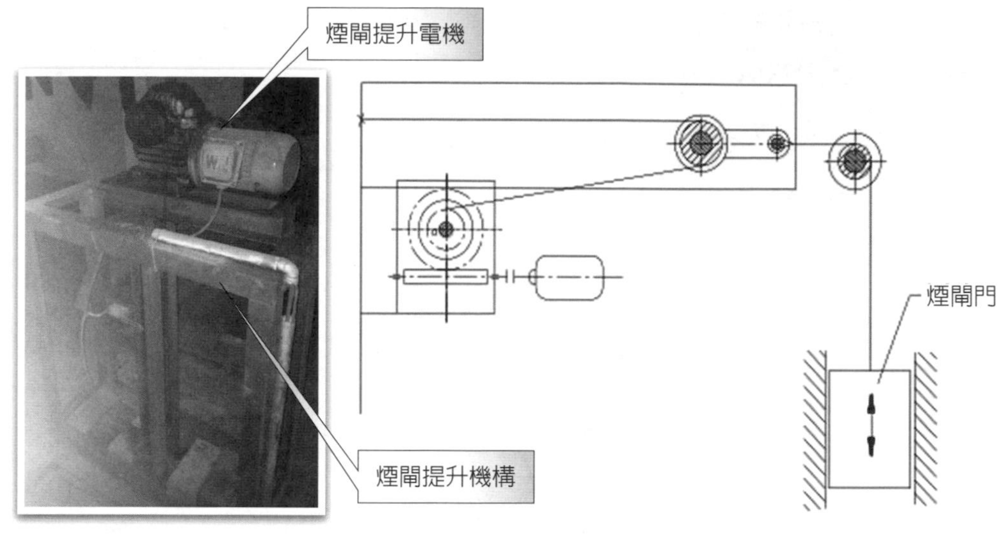

圖6-48　煙閘結構與工作原理圖

(三)煙囪

煙囪是煙氣排放系統中最後一個環節。根據排煙的阻力不同，排煙的形式一般可分自然排煙和機械排煙兩種。自然排煙是透過氣壓差來進行排煙的，主要用於排煙阻力小於50～60mmHg以下的場合，採用的煙囪形式主要是以高煙囪爲主。機械排煙是透過強制抽力來進行排煙的，主要用於排煙阻力大於60mmHg以上的場合，根據動力部分的不同，機械排煙又可分爲鼓風機排煙和引風機排煙系統兩種，採用的煙囪形式多爲低煙囪或隱藏式煙囪。

■高煙囪

高煙囪主要是利用氣壓差和溫度差的原理來進行自然排煙。其結構多採用磚或鋼筋混凝土砌成圓形或方筒形，其形狀如**圖6-49**所示。

圖6-49　高煙囪

・高煙囪的工作原理

高煙囪之所以能排煙，是因爲煙囪的高度和煙氣的溫度會在煙囪的底部產生負壓，由於爐膛內的煙氣壓力要比煙囪底部所產生的負壓要大，因而爐膛內熱的煙氣會自然的由爐膛經煙道流到煙囪的底部，再經煙囪排到大氣中。煙囪底部所產生的這種負壓實際是煙囪的抽力，這個抽力的大小主要是由煙囪的高度、煙氣的溫度所決定的，因此煙囪越高，煙氣溫度越高，則在煙囪底部所形成的負壓就越大，煙囪對爐膛內煙氣的抽力也就越大。但煙囪並不是越高越好，太高會造成施工困難和對周圍居民心理造成陰影，所以一般煙囪的高度要選擇適中。

煙囪的高度主要是依據煙氣在煙道內流動的總阻力，滿足煙氣頂部出口動壓力和克服煙囪本身的磨擦阻力損失等因素所決定的，其計算公式如下：

$$\mathrm{H}=\frac{(W_2/2)\times P_{煙}+1.2P_{失}}{P_{空}-P_{煙}-\psi/D_{均}\times W_{均}/2\times P_{煙}}$$

式中：H＝煙囪的計算高度，單位M

$P_{空}$＝煙囪所在地最高氣溫下的大氣密度，KG/M^3

$P_{煙}$＝T均溫度下的的煙氣密度

1.2$P_{失}$＝煙道的總阻力損失，PA

$D_{均}$＝煙囪的平均直徑，單位M

W_2＝在實際煙氣溫度下煙氣出煙囪口的速度，M/S

$W_{均}$＝T均溫度下煙囪內煙氣的平均流速，M/S，可按此公式計算$W_{均}$＝V*T/$F_{均}$

Ψ＝煙囪內壁對煙氣的磨擦阻力係數

由於高煙囪是利用海拔氣壓差原理得內外煙氣溫度差原理進行工作的，所以不需要外界的能源。因此，只需一次性投資，可以節省能源，並且使用壽命也比較長，同時一座高煙囪可以爲火化區所有的火化機排風，大大地節省了設備的成本，因此這種高煙囪在低檔火化設備中使用較爲普遍。但由於殯儀館的焚化物是人的遺體，因此造成人們對殯儀館高煙囪中所排放了煙氣十分反感。所以殯葬行業要逐步取消高煙囪的使用，多採用低煙囪，最好是採用隱蔽式低煙囪。

■文丘里引射裝置的低煙囪

採用引風機和引射裝置進行排煙，就是利用強大的機械排風方法，由引風機產生機械抽力，從而達到排煙的目的。由於其產生的抽力的大小與引風機的功率大小成正比，因此採用引射裝置進行排煙的多少就與煙囪的實際高度無關，從而就可以實現低煙囪排煙，以克服高煙囪的不足。

文丘里引射排煙裝置是目前比較先進的火化設備中常用的一種引射排煙裝置。其的主要原理是利用氣體的粘性特點，在鋼質低煙囪內設置高壓引射風管，由引風機產生的高壓風經引射風管排出口排出時，其高壓風迅速地把周圍的煙氣帶入大氣中，從而達到排煙的目的。這種排煙裝置有如下幾個優點：

1.可以極大地稀釋煙氣中的汙染物質的濃度 。

2.透過控制引射風量的大小達到控制燃燒室壓力的目的。

3.其耗電量要小得多。

4.極大地延長了引風機的使用壽命。

採用這種引射排煙裝置，要注意：不能讓高溫煙氣從引風機中直接通過，而是利用引風機的強大風力，透過引射裝置產生強大的噴射力，從而對煙氣產生足夠的抽力，使遺體焚化過程中產生的煙氣順利地排入大氣中去，如果讓高溫的煙氣從引風機中通過的話，高溫的煙氣就會對引風機產生熱損壞和腐蝕損壞，從而導致引風機提前報廢，造成了設備的浪廢。

鋼結構的低煙囪可以裸露在室外，也可做成隱蔽煙囪，既可安裝在預備室外，也可以安裝在預備室內，同時還可根據需要，利用其產生的餘熱進行取暖、燒水和製冷等，因此，低煙囪結構被殯儀館所廣泛採用。

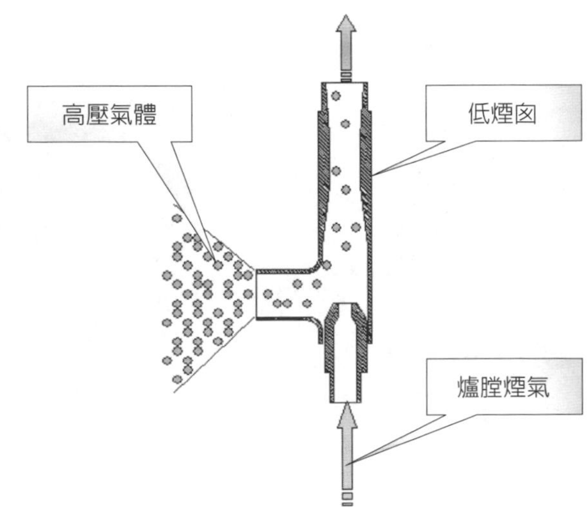

圖6-50　文丘里式引射裝置的低煙囪

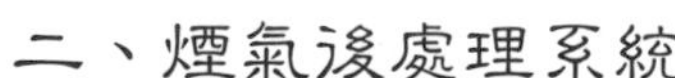

二、煙氣後處理系統

煙氣後處理系統也稱尾氣處理系統或煙氣淨化系統，它是用來處理火化機煙氣中汙染物質的裝置。殯儀館火化爐尾氣淨化處理系統是集除酸、殺菌、除塵等爲一體的淨化處理系統，採用先進的技術處理工藝，使火化爐尾氣排放完全達國家標準。

煙氣後處理系統主要完成煙氣的冷卻、脫酸和除塵，一般由換熱器、脫硫裝置、活性炭噴入裝置、布袋除塵裝置等部分組成。由於在除塵器前的煙氣管道中加入活性炭，用於加強對二噁英和汞等重金屬去除效率的目的。

從**圖6-51**可以看出，從燃燒室出來的高溫煙氣經過換熱器降溫後進入脫硫裝置，經過脫硫裝置淨化後的煙氣進入除塵器和活性炭過濾，實現脫硫、除塵和二噁英和汞等重金屬去除後，透過引風機從低煙囪排入大氣。

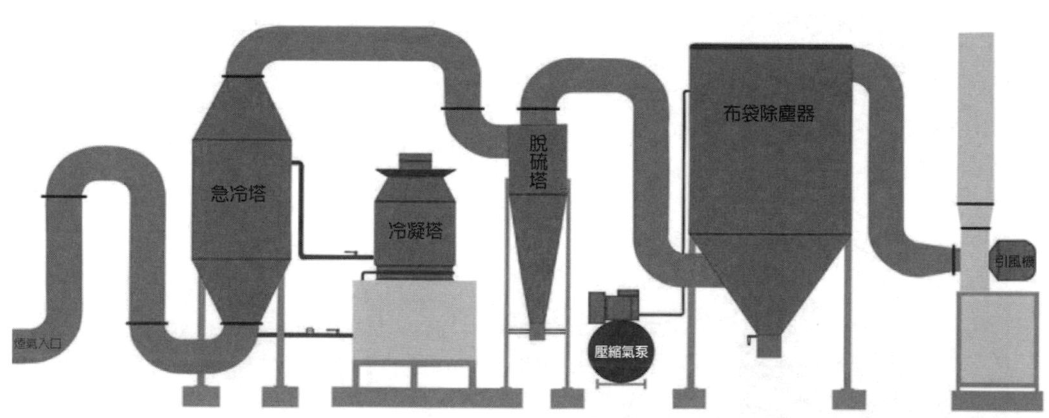

圖6-51　煙氣淨化裝置結構示意圖

(一)換熱器

換熱器的主要作用是給煙氣降溫。由於火化爐在遺體焚化過程中排出的煙氣溫度高達700-900℃，如此高溫的煙氣如果直接進入電除塵器中，就會造成除塵器內的陰極和陽極板在高溫下發生變形，從而直接影響除塵的效果和除塵器的壽命，因此一般除塵器的工作溫度不能超過250℃，所以必須先將進入除塵器的高溫煙氣由換熱器進行降溫到250℃以下，才能通過除塵器。從除塵器出來的煙氣溫度仍有200℃以上，這種煙氣中的粉塵和碳黑已被基本淨化，但除塵器不能消除煙氣中的惡臭和異味，必須由除臭器進行除臭和除異味，而除臭器只能消除80℃以下的煙氣中的惡臭和異味，如果煙氣溫度高於80℃，不但不能除臭，還會將以前吸附的惡臭和異味釋放出來，所以，煙氣在進入除臭器之前，還要再一次通過換熱器進行第二次降溫，將通過除臭器中的煙氣溫度降到80℃以下才行。

換熱器的種類很多，一般火化設備中常用的換熱器是熱管換熱器和列管換熱器。

■熱管換熱器

熱管換熱器是一種新型、超導、高效、節能的換熱設備。熱管換熱器的工作原理：通過密封真空的金屬管內的工質（熱管內的工作液體），受熱「氣化」，受冷時「液化」的氣液互換傳導熱量。當高溫煙氣通過熱管換熱器下箱體時，熱管吸收熱量，管內工質沸騰變為氣相，氣相的工質比較輕，上升進入熱管上部，遇到管外的冷氣體，冷卻管壁，氣相工質又迅速冷卻，並沿著熱管壁流到下部，流到下部後又接觸高溫煙氣瞬間又變成液體氣相。這樣反覆進行，就可不斷地將下箱體中的熱量傳到上箱體，從而達到給煙氣迅速降溫的目的。

熱管換熱器是靠管內的工質氣、液轉化進行換熱的，其當量導熱傳數是銅管的幾十倍乃至幾千倍。所以，熱管有「超導」傳熱元件之稱，

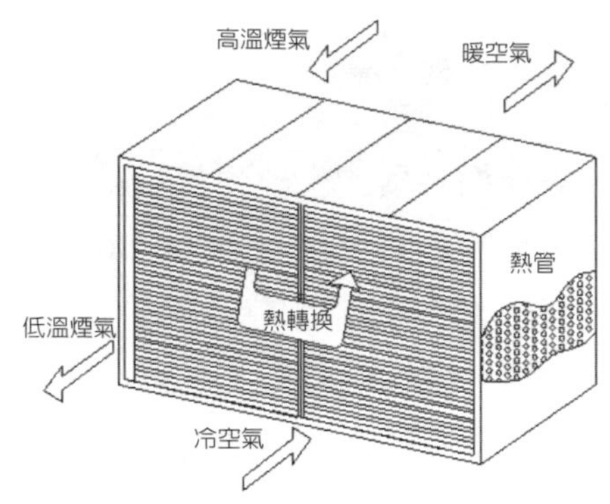

圖6-52　熱管換熱器結構成工作原理示意圖

同時被熱管加熱的熱空氣沒有受到任何汙染，可利用其進行供暖或製冷，被加熱的冷水可作爲生活用水使用。

表6-3爲一般熱管換熱器的性能參數。

表6-3　熱管換熱器的性能參數表

參數名稱	工作壓力	進口溫度（℃）	出口溫度（℃）	設計流量（m^3）	換熱面積（m^2）
煙氣	微負壓	800	200	4300	127
水	需壓	20	40	10 (T/H)	1.89
空氣	需壓	20	200	11000	350

■水冷式列管換熱器

水冷式列管換熱器主要是由箱體、封蓋和芯子組成。芯子是由一組焊接在櫃體上的換熱管、折流板、旁路檔板、拉板和定距板組成。在水冷式列管換熱器中，一般是冷卻水在管內流動，煙氣在管間流動。管內流動的水可以設計爲單程，也可設計爲雙程或多程曲折前進，從而完成熱交換，達到降低煙氣溫度目的，以滿足除塵、除臭裝置對煙氣溫度要求。一般常見水冷式列管換熱器結構如**圖6-53**所示。

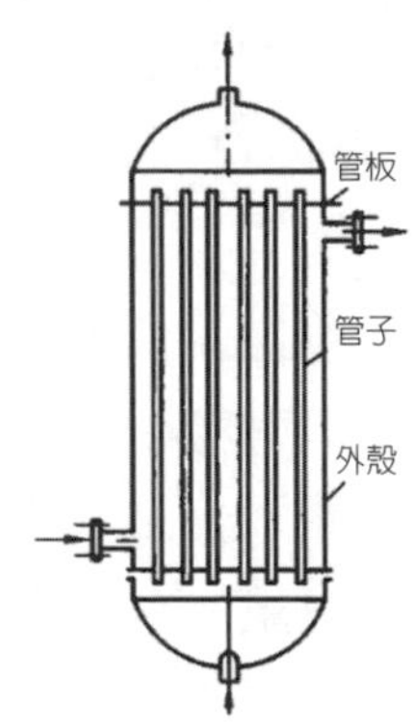

圖6-53　水冷式換熱器工作原理示意圖

(二)除塵器

由於火化機在工作過程中所產生的高溫煙氣中含有大量的煙塵，如果讓這些煙塵排入大氣中，就會造成對周圍環境的汙染，因此，在煙氣排出煙囪時，有必要採用除塵裝置對煙氣進行有效的除塵，以達到淨化煙氣的目的。現在除塵的方法很多，有機械式除塵法、濕法除塵法、過濾除塵法和靜電除塵法等。

機械除塵法可分爲重力沉降除塵器、慣性除塵器和旋風除塵器三種。過濾除塵法有布袋除塵器、顆粒除塵器等。

靜電除塵器有板式和原式兩種。原式靜電除塵器的工作原理：原式靜電除塵器是建立在一個高壓電場淨化煙氣，使煙、氣分流，裝置採用管式陰極和魚骨式陽極，並帶有負電的輔助電極。輸入高壓電流後，煙氣受電場作用在魚骨針狀陽極附近發生電離，電離後煙氣中存在著大量的電子和正負離子，這些電子和離子與粉塵微粒結合，使粉塵微粒帶上正、負性電荷，在電場的作用於下，帶負電荷的粉塵微粒趨集在輔助電極周圍，並且帶正電荷和帶負電荷的粉塵微粒相互集積，變成直徑較大的塵粒下沉附著在極板上，當塵粒聚積到一定厚度以後，透過振打裝置的振打作用，粉塵受慣性作用從沉澱極表面脫離下來落入灰斗中，透過排入裝置排入到容器中，收塵過程即告結束。這個過程在遺體焚化過程中是反覆進行的，而且每個過程都是在瞬時完成。其結構特徵如**圖6-54**所示。

布袋式除塵器也是目前火化機設備尾氣處理裝置使用最多一種除塵器，其結構如**圖6-55**所示。當火化機的煙氣由灰斗上部進風口進入後，在擋風板的作用下，氣流向上流動，流速降低，部分大顆粒粉塵由於慣性力的作用被分離出來落入灰斗。煙氣進入中箱體經濾袋的過濾淨化，粉塵被阻留在濾袋的外表面，淨化後的氣體經濾袋口進入上箱體，由出風口排出。

隨著濾袋表麵粉塵不斷增加，除塵器進出口壓差也隨之上升。當除塵器阻力達到設定值時，控制系統發出清灰指令，清灰系統開始工作。首先電磁閥接到信號後立即開啓，使小膜片上部氣室的壓縮空氣被排放，由於小膜片兩端受力的改變，使被小膜片關閉的排氣通道開啓，大膜片上部氣室的壓縮空氣由此通道排出，大膜片兩端受力改變，使大膜片動作，將關閉的輸出口打開，氣包內的壓縮空氣經由輸出管和噴吹管噴入袋內，實現清灰。當控制信號停止後，電磁閥關閉，小膜片、大膜片相繼復位，噴吹停止。

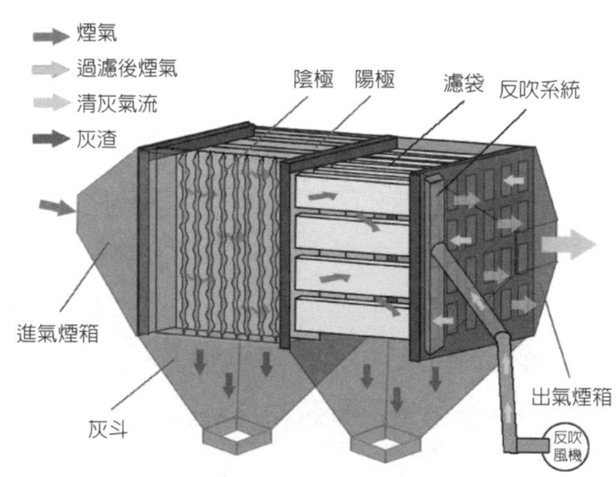

圖6-54　靜電除塵器結構示意圖

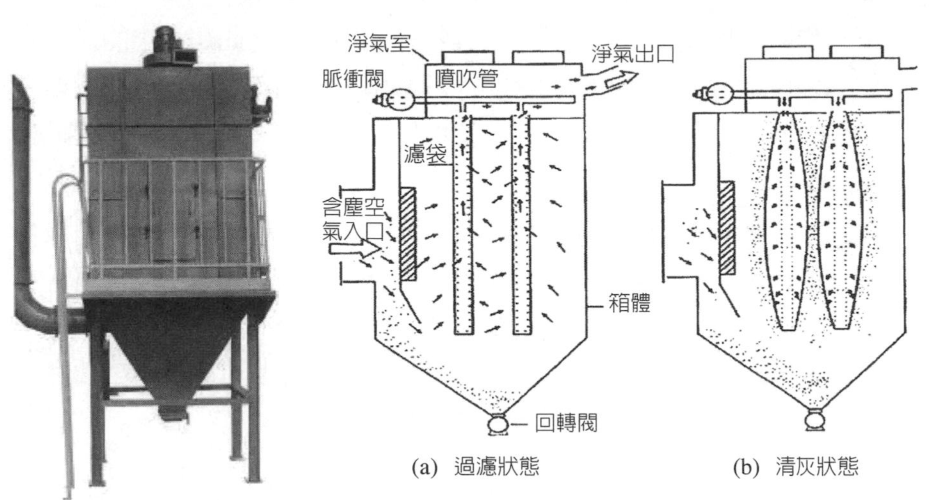

圖6-55　布袋式除塵器的結構及工作原理圖

(三)活性碳吸附裝置

火化機在遺體焚化過程中產生的煙氣中含有的有毒有害氣體，主要有：二噁英、氨、硫化氫、甲硫醇、甲硫醚、三甲胺和少量的脂肪酚類。

二噁英實際上是一個簡稱，它指的並不是一種單一物質，而是結構和性質都很相似的包含衆多同類物或異構體的兩大類有機化合物，全稱分別叫多氯二苯並-對-二噁英（簡稱PCDDs）和多氯二苯並呋喃（簡稱PCDFs），中國的環境標準中把它們統稱爲二噁英類。這類物質非常穩定，熔點較高，極難溶於水，可以溶於大部分有機溶劑，是無色無味的脂溶性物質，所以非常容易在生物體內積累。自然界的微生物和水解作用對二噁英的分子結構影響較小，因此，環境中的二噁英很難自然降解消除。二噁英的最大危害是具有不可逆的「三致」毒性，即致畸、致癌、致突變，同時二噁英又是一類持久性有機汙染物（POPs），在環境中持久存在並不斷累集。一旦攝入生物體就很難分解或排出，會隨食物鏈不斷傳遞和積累放大。人類處於食物鏈的頂端，是此類汙染的最後集結地。因此，對火化機煙氣的淨化處理必須對二噁英進行有效的處理，目前國際上通行的方法是採用活性碳吸附方式進行，其工作原理如**圖6-56**所示。

活性碳吸附裝置的工作原理：在吸附裝置的出口端，在引風機機械抽力的作用下，煙氣通過活性炭層；活性碳在低於80℃的條件下，發揮很強的吸附作用，不斷地將煙氣中的二噁英和其他物質吸附在活性炭中，從而實現了淨化煙氣的功能，經過淨化後的煙氣再通過引風機從煙囪中排入大氣。

(四)脫硫裝置

脫硫設備一般是指在工業生產中，用於除去硫元素，防止燃燒時生成SO_2的一系列設備。硫對環境的汙染比較大，硫氧化物和硫化氫對大氣的汙染，硫酸鹽、硫化氫對水體的汙染，是目前環境保護工作的重點。遺體處理過程中因燃燒大量燃料、遺體及隨葬品，將產生一定量的硫元素，這些硫元素經過燃燒之後會釋放出大量SO_2，如果不加以治理，就會對環境造成巨大危害。因此目前火化機尾氣淨化處理要使用到脫硫設備。

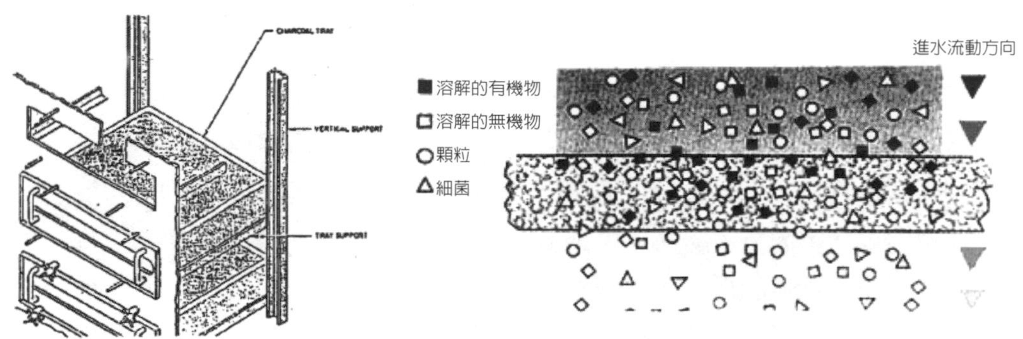

圖6-56　活性碳吸附原理

目前行業內的脫硫方法主要有三種：燃燒前脫硫、燃燒中脫硫和燃燒後脫硫。脫硫工藝也有十幾種，不同的工藝會使用不同的生產系統，脫硫設備的選擇也會有所區別。目前石灰石——石膏法脫硫工藝是世界上應用最廣泛的一種脫硫技術，此工藝的基本原理是將石灰石粉加水製成漿液，作爲吸收劑泵入吸收塔與煙氣充分接觸混合，煙氣中的二氧化硫與漿液中的碳酸鈣以及從塔下部鼓入的空氣進行氧化反應，生成硫酸鈣，硫酸鈣達到一定飽和度後，結晶形成二水石膏。經吸收塔排出的石膏漿液經濃縮、脫水，使其含水量小於10%，然後用輸送機送至石膏儲倉堆放，脫硫後的煙氣經過除霧器除去霧滴，再經過換熱器加熱升溫後，由煙囪排入大氣。由於吸收塔內吸收劑漿液透過迴圈泵反覆迴圈與煙氣接觸，吸收劑利用率很高，鈣硫比較低，脫硫效率可大於95%。

總之，火化機的煙氣後處理系統，可根據需要消除汙染物質的量來進行設置，既可把它作爲火化機的有機部分，也可把它作爲獨立的環保設備來進行考慮，對煙氣的流程而言，煙氣後處理系統不但是排煙系

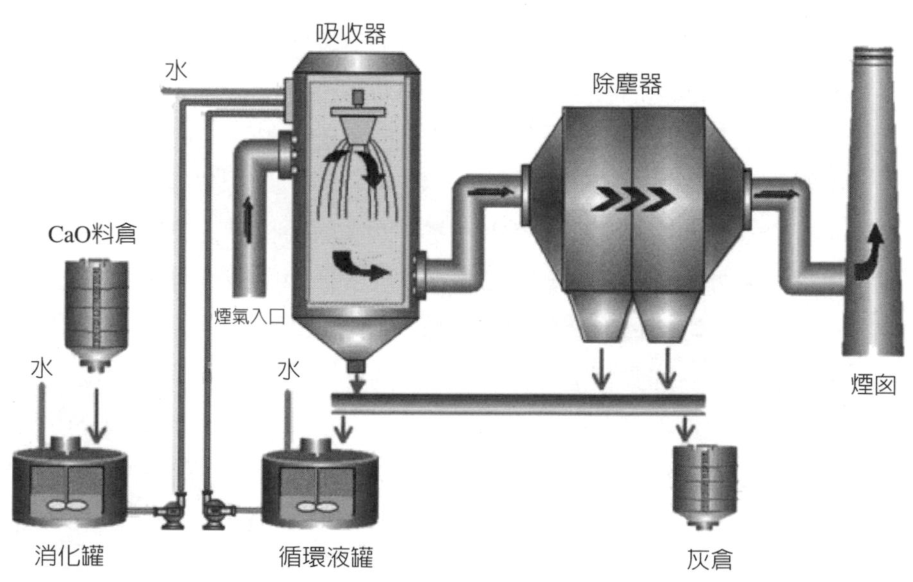

圖6-57　石膏法脫硫工藝原理圖

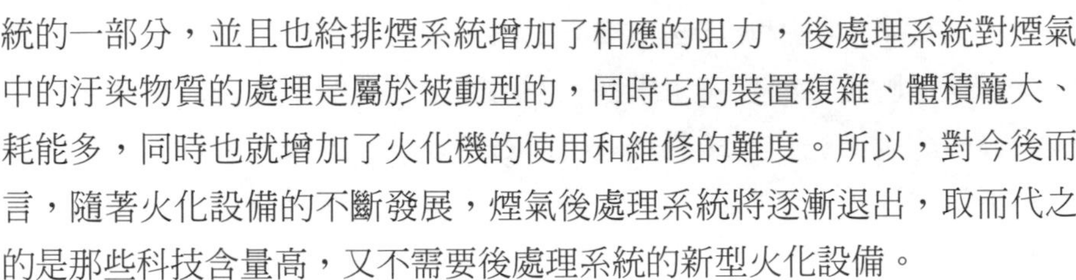

統的一部分，並且也給排煙系統增加了相應的阻力，後處理系統對煙氣中的汙染物質的處理是屬於被動型的，同時它的裝置複雜、體積龐大、耗能多，同時也就增加了火化機的使用和維修的難度。所以，對今後而言，隨著火化設備的不斷發展，煙氣後處理系統將逐漸退出，取而代之的是那些科技含量高，又不需要後處理系統的新型火化設備。

三、煙氣監控電路

火化機在火化過程中排放出的煙氣，必須達到相應的國家排放標準，由於現階段中國的火化機環保性能還達不到無害化排放，這就要求遺體火化師在進行火化操作時，要嚴格按操作規程來操作，但實際工作中，遺體火化師不可能又進行火化操作，又去看煙囪冒不冒煙，爲此，一些殯儀館在火化機煙囪出口處安裝了電視監控設備，這樣遺體火化師就可以看著煙囪口的情況操作，提高了環保效果。

電視監控系統是火化設備的重要組成部分，它透過遙控攝像頭及輔助設備、鏡頭、雲台等，直接觀看被火化區頂部煙囪出口處的情況，可以把煙氣排放的圖像內容傳送到安裝在火化機操作面的監視器上，也可以傳輸到監控中心對圖像記錄存儲，以備將來查驗。

電視監控系統是由攝像、傳輸、控制、顯示、記錄登記五大部分組成。攝像頭透過同軸視頻電纜將視頻圖像傳輸到控制主機，控制主機再將視訊訊號分配到各監視器及錄影設備，同時可將需要傳輸的語音信號同步錄入到錄影機內。透過控制主機，操作人員可發出指令，對雲台的上、下、左、右的動作進行控制，及對鏡頭進行調焦變倍的操作，並可透過控制主機實現在多路攝像機及雲台之間的切換。利用特殊的錄影處理模式，可對圖像進行錄入、重播、處理等操作，使錄影效果達到最佳。加裝時間發生器，將時間顯示疊加到圖像中，在線路較長時加裝音視頻放大器，以確保音視頻監控品質。

攝像頭是電視監控系統的主要設備，它是一種把景物光像轉變爲電

信號的裝置。其結構大致可分爲三部分：光學系統（主要指鏡頭）、光電轉換系統（主要指攝像管或固體攝像器件）以及電路系統（主要指視頻處理電路）。

光學系統的主要部件是光學鏡頭，它由透鏡系統組合而成。這個透鏡系統包含著許多片凸凹不同的透鏡，其中凸透鏡的中部比邊緣厚，因而經透鏡邊緣部分的光線比中央部分的光線會發生更多的折射。當被攝對象經過光學系統透鏡的折射，在光電轉換系統的攝像管或固體攝像器件的成像面上形成「焦點」。光電轉換系統中的光敏原件會把「焦點」外的光學圖像轉變成攜帶電荷的電信號。這些電信號的作用是微弱的，必須經過電路系統進一步放大，形成符合特定技術要求的信號，並從攝像頭中輸出。

光學系統相當於攝像頭的眼睛，光電轉換系統是攝像頭的核心，攝像管或固體攝像器件便是攝像頭的「心臟」。當攝像機中的攝像系統把被攝對象的光學圖像轉變成相應的電信號後，便形成了被記錄的信號源。錄影系統把信號源送來的電信號透過電磁轉換系統變成磁信號，並將其記錄在錄影帶上。如果需要攝像頭的放像系統將所記錄的信號重放出來，可操縱有關按鍵，把錄影帶上的磁信號變成電信號，再經過放大處理後送到電視機的螢幕上成像。

從能量的轉變來看，攝像機的工作原理是一個光、電和磁的轉換過程。

攝像頭把監視到的內容變爲圖像信號，透過視訊伺服器將數字訊號傳送到控制中心的監視和存放裝置。攝像部分是系統的原始信號源，攝像部分的好壞以及產生圖像的品質影響著整個監控系統的品質。因此，電視監控系統採用具有清晰度高、靈敏度好的彩色攝像一體機；採用光圈、聚焦、變焦三可變的鏡頭；採用在水平方向和垂直方向均可旋轉的電動室內用雲台；採用防塵性能強的防塵罩。

電視監控系統的傳輸部分主要由圖像信號的傳輸、聲音信號的傳輸，以及對攝像頭的鏡頭、雲台等進行控制的控制信號的傳輸。可用視

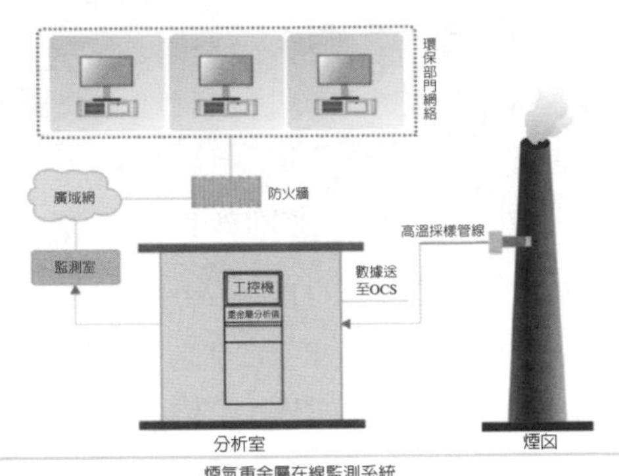

圖6-58　火化機煙氣監控電路

訊伺服器來傳輸圖像、聲音和控制信號，其主要的優點就是圖像經過傳輸後不會產生雜訊失真，可以保證原始圖像信號的清晰度及灰度等級。

顯示部分一般用12吋電視監視器即可滿足要求，採用電腦控制的監控系統，可以採用電腦顯示器和大電視監控器雙重顯示，其中電視監控器設在火化機上用於輔助遺體火化師火化操作，電腦顯示器設在監控中心供管理人員對前端監控點進行控制時使用，**圖6-58**爲火化機煙氣監控裝置圖。

第六節　骨灰處理系統

一、骨灰收集方式

遺體火化過程結束後，須認眞收集、清理骨灰，嚴格做到不漏灰、不混灰，絕對禁止錯灰。隨著台車式火化機的普及與發展，客戶親自收集親人骨灰的現象也與日俱增。骨灰的收集方式因火化機結構的不同而略有差異。

(一)架條型火化機的骨灰收集方式

架條型火化機在火化遺體的過程中，所形成的骨灰不斷地從架條之間掉落到下面的清灰炕面，待火化結束時，由遺體火化師經出灰口收集清灰炕面的骨灰。由於一些遺體火化師在火化時的不規範操作，連續火化容易造成混灰的後果，致使很多客戶對此不滿，這是遺體火化師在收集骨灰時應特別注意的。

(二)平板式火化機的骨灰收集方式

平板式火化機的主燃燒室的炕面是完整的，遺體火化所形成的骨灰都保留在平板炕面上，在火化結束時，遺體火化師可由操作門將骨灰扒出。這種骨灰收集的方式不易造成混灰，爲多數客戶所接受。

(三)台車式火化機的骨灰收集方式

由於台車式火化機的進屍車與炕面是合爲一體，並且能整進整出，所以在遺體火化後，能將承載骨灰的炕面整體退出火化機的主燃室，既可由遺體火化師收集骨灰，也可由客戶親自收集骨灰，能提供個性化服務，很受客戶的歡迎。

(四)其他收集方式

此外，近年來還出現了多用的火化機，如兼具平板式和台車式結構的火化機，其骨灰收集方式可以根據客戶的要求進行選擇。

二、骨灰收集工具與篩選分揀處理

不管採用何種火化機，其基本收集、整理骨灰的工具主要有灰斗、骨灰夾、長鐵耙、小鐵鏟和清掃毛刷等，**圖6-59**爲常用的骨灰收集工具。

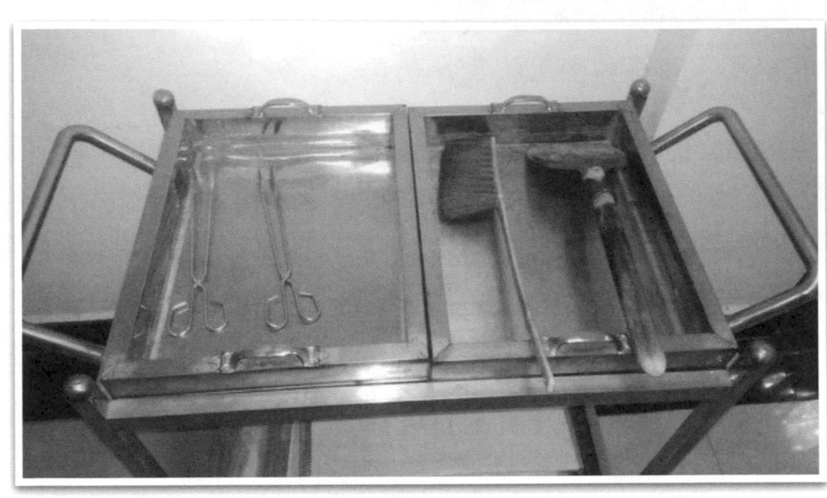

圖6-59　常用骨灰收集工具

骨灰收集完畢後，需對骨灰進行篩選與分揀處理。骨灰分揀是利用碾壓、擠壓、切削原理對大塊骨灰進行粉碎，以獲得顆粒均勻的粒狀骨灰的過程。粉碎骨灰的方法一般採用人工碾壓和骨灰粉碎機粉碎。骨灰篩選是將收集到的骨灰進行篩選。骨灰篩選的作用：一是能剔除混入骨灰中的金屬鈕扣、皮帶夾、鞋釘、棺釘、拉鎖頭、表鏈等雜物；二是能分離遺體體內所鑲的金屬牙齒和骨折固定件等醫療用品；三是能去除骨灰中個別未完全氧化的含碳顆粒。骨灰的篩選工作可以人工整理完成，也可以使用骨灰篩選設備進行。骨灰分揀是利用碾壓、擠壓、切削原理，對大塊骨灰進行粉碎，以獲得顆粒均勻的粒狀骨灰的過程。骨灰分揀方法是人工碾壓或使用骨灰粉碎機操作，無論是人工作業還是使用自動骨灰整理機，其過程都必須文明，不得暴力操作。江西南方環保集團骨灰粉碎機如**圖6-60**所示。

圖6-60　骨灰收集工具

第七節　火化機附屬結構

火化機爐體外結構中主要包括了爐骨架、裝飾面板等結構。

一、爐骨架

火化機的爐骨架主要由支柱、爐外牆鋼板及固定構件的各類型鋼組成；儘管火化機的型號很多，但一般其爐骨架主要包括前立架、後立架和側立架。

設計爐骨架時，要考慮到爐口裝置、燃燒裝置、窺視孔及其他爐用構件的安裝關係。爐骨架的主要作用是固定砌休、保護砌體和承受砌體的部分重量，側立架與換腳梁承受拱頂產生的水平推力，後立架承受砌體的熱張力的某些構件的重量，前立架承受爐門及爐門啓閉裝置的重量。爲了便於運輸，整個爐骨架分成前立架、側立架和後立架發運，運到工地後再對接組裝。

拱腳梁安放位置應使其受力中心與爐拱旁推力中心相吻合。有些爐的拱腳梁焊接在側立架上，也可以自由擱置爐牆砌體上，能自由調整拱腳梁受力中心與爐拱推力的一致性，在維修過程中便於適應爐拱高度的變更。拱腳梁焊接在側立架上的優點是對提高爐骨架的整體強度有利，能固定在規定的設計高度上而避免施工中由於疏忽而引起的高度誤差，還便於在不更換爐頂的情況下拆修爐牆。

(一)前立架

位於火化機的進屍端，遺體是從前立架進入爐膛的。它的主要作用就是支撐爐門及爐門啓閉裝置，並有收集餘煙的作用。前立架由型鋼焊接而成，見**圖6-61**，橫檔1與橫檔2按圖紙和工藝要求用電焊把它們焊接

圖6-61　前立架結構圖

在一起形成一體，圖中的橫檔是支承爐門軌道用的。在前位架的蒙板上開有與爐膛橫剖面形狀相應的孔，後面與兩旁的側立架相聯，頂部有煙罩，側面用普通鋼板蒙上，底腳置於水平基礎上。

(二)後立架

位於爐體的後端，也就是火化機的操作面，用L50×50×5按圖紙和工藝要求焊接而成，它可承受磚砌體熱膨脹所產生的力。檔次較高的火化機的後立架蒙面板是不銹鋼，普通爐則用普通鋼板蒙面，在這個面上裝有清灰門、出灰門、操作門和燃燒器，對爐膛內燃燒所需助氧風的控制機構也在此面上。

從後立架結構**圖6-62**中可以看出，後立架也同樣是由橫檔1和橫檔2按工藝要求和圖紙尺寸組合而成。它與前立架不同的是：前立架是雙層的，後立架是單層的；它的操作面上裝有上述裝置，另兩邊與側立架相

圖6-62　後立架結構圖

連；後立架的豎直方向不承受力，而水平方向承受力的作用，距離熱體很近。設計後立架要考慮在較高溫度下不能變形，否則就會影響火化機的性能。

(三)側立架

如**圖6-63**所示，由橫檔1和橫檔2按圖紙尺寸和工藝要求焊接形成，它是聯接前立架和後立架的聯接體，又是砌體的護體，它在豎直方向不承受力的作用，而在水平方面承受爐拱旁推力的作用。側立架使用的材料與後立架相同，也是單層的，外側用普通鋼板蒙上，內側與保溫材料相接觸。因其距離熱源較近，在設計時除考慮受爐拱旁推力外，還要考慮在較高溫度下不變形。

圖6-63　側立架結構圖

二、裝飾板

火化機爐膛安裝到位後，需要在火化機爐骨架上安裝不銹鋼裝飾板，以便保護與美化火化機爐體。目前一般火化機的裝飾板材質都是原色不銹鋼，由於彩色不銹鋼裝飾板比原色不銹鋼具有更強的耐腐蝕性能，且色彩鮮豔，因此有越來越多的火化機廠採用各種彩色不銹鋼板來裝飾火化機，如**圖6-64**所示，為中國江西南方環保機械製造公司生產的YQ系列高檔彩板火化機。

圖6-64　高檔彩板火化機

第七章

火化機的操作

本章重點

1. 掌握平板式火化機操作流程
2. 掌握台車式火化機操作流程
3. 瞭解一般火化設備操作規程

目前中國火化設備的生產廠家、種類和型號較多，其操作方法也不盡相同，但總體來說，大部分的火化機的操作過程大抵相近，因此，本章主要選取了中國目前常見的平板式火化機和台車式火化機爲例，來介紹其操作方法，因架條式火化機的操作過程與平板式火化機類似，且該種火化機在殯儀館的使用量相對較少，因此本章不單獨對其操作流程做介紹。對應不同型號的火化設備，各殯儀館或火葬場在使用之前請對照生產廠家所提供的產品使用說明書進行操作。

第一節　平板式火化機操作

一、平板式火化機的操作流程

平板式火化機在使用前，應首先檢查現場是否有異常現象，如果有異常現象應及時處理，處理後方可進行下一步工作。

火化機的開機順序是先送上總電源，開啓引風機，調整煙道閘門，控制爐膛負壓到-100Pa以上，然後送出空爐信號給進屍面。進屍面收到空爐信號後，打開預備門，雙向屍車伸出臂接屍。待遺體放上車後，按進預備室按鈕，車臂退回預備室；按開爐門按鈕，開啓爐門；再按進爐按鈕，屍車平穩地將遺體送進爐膛，接著屍車會自動退出爐膛。然後，檢查遺體是否正常落在炕面上，遺體落位正常，就接著下一步工作；如遺體落位異常，應及時處理後，方可接著下步操作。

按下關閉爐門按鈕，按下關閉預備門按鈕，送出進屍完成信號給操作面。操作面收到進屍完成信號後，開啓鼓風機，調整煙道閘板，保證爐膛負壓在-100Pa以上，汙染物質產生的高峰一過，就應減少負壓，保持負壓在-30Pa左右。如果是冷爐，則可接著點燃燃燒器；如果是熱爐，應視遺體、衣服、被子等隨葬品的多少，決定燃燒器點火時間，隨葬品

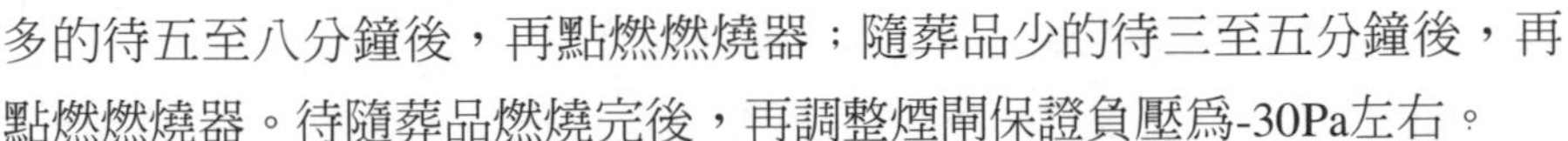

多的待五至八分鐘後，再點燃燃燒器；隨葬品少的待三至五分鐘後，再點燃燃燒器。待隨葬品燃燒完後，再調整煙閘保證負壓爲-30Pa左右。

進入燃燒正常後，按下「自動」轉換按鈕則進入自動控制狀態火化，火化完畢後，電腦會自動關機。這時打開操作門，看是否燒盡，如已燒盡即可出灰；如沒有燒盡，就在手動狀態下點燃燃燒器，繼續火化即可出灰。

如果有後續遺體需要火化，可按上述步驟循環操作，如果沒有後續遺體需要火化，則可關閉鼓風機，關閉引風機，降低煙道閘板，使火化機處在保溫狀態，待電腦退出狀態後，再關掉總電源。

二、平板式火化機操作注意事項

平板式火化機在使用過程中應注意以下事項：

1.引射風機開啓後，一定要保證爐膛內有預定的負壓，才能進行下一步工作，否則要進行檢查。

2.點燃主燃燒器時，如果按點火按鈕，五秒鐘之內還沒有點燃燃燒器，應立即按關火按鈕；重新操作一次，若還是點不著火，就不能再進行點火操作了，應打開爐門檢查，發現問題及時處理。再點火時必須打開爐門，這樣做的目的，是爲了防止爐膛內富集的油氣在點火的瞬間產生爆炸，這是防止爆炸和爆燃的必要措施。

3.點燃主燃燒器時，頭、眼不要正對著操作門孔，以免爐內壓力突然增大時，火焰向外噴射造成灼傷。

4.電控系統的電腦發生故障時，可以透過門內的硬手操旋鈕，轉換到手動操作模式下操作，然後透過硬手操進行正常工作。

5.在燃燒過程中，一定要注意負壓的變化，如果產生正壓，就會使煙氣和異味溢出爐外，汙染火化區環境。如果負壓過大，就會使爐膛熱損過大，增加燃燒消耗，延長焚屍時間，所以在火化機運行過程中，應儘量避免這兩種情況的出現。

6.雙向車運行一周後，要檢查各部位是否正常，螺絲是否有鬆動情況，在減速器和鏈條上要適當加潤滑油。

第二節　台車式火化機操作

一、台車式火化機的操作流程

台車式火化機在使用前，應首先檢查整套系統有沒有異常現象，如果有異常現象應及時處理，恢復正常後方可進行下一步操作。

台車式火化機的開機順序是先送上總電源，開啓引風機，調整煙道閘門，控制爐膛負壓到-100Pa以上。然後送出空爐信號給進屍操作面，進屍操作面收到空爐信號後，從接屍車上把遺體放到小車上。打開預備門，開啓小車，遺體隨小車炕面平穩地進入到預備室內，打開爐門，遺體隨小車炕面平穩地進入到爐內，關上爐門。

由進屍操作面送出進屍完成信號給火化操作面，火化操作面接到進屍完成信號後，開啓鼓風機，調節煙閘和各風閥，把爐膛負壓調節到-30Pa。遺體進入爐膛八分鐘後，點燃主燃燒器，讓遺體進行燃燒（每天開機第一具遺體不要延時點火）；再按下「自動」鍵，切換成自動狀態，進入自動火化過程；待火化到設定時間後，觀察爐內遺體是否火化完畢，如果還沒燃盡，就用手動繼續點火五至八分鐘，待燃盡後關火、關風，然後送出「空爐」信號。打開預備門，開啓爐門，小車退出、上升到冷卻室，待骨灰冷卻後再使小車下降退出預備室，由遺體火化師或死者家屬揀灰，一具遺體的火化即告完成。

要進行下一具遺體的火化，按上述程序重複操作即可。當天應焚化的遺體焚化完畢後，關閉引風機、鼓風機，關閉電源。平板式火化機

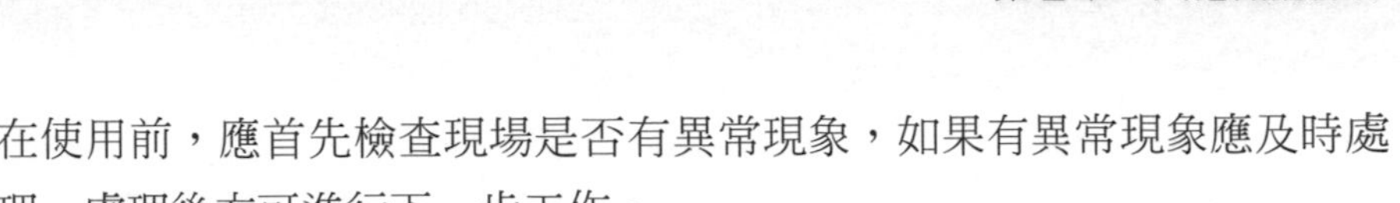

在使用前，應首先檢查現場是否有異常現象，如果有異常現象應及時處理，處理後方可進行下一步工作。

二、台車式火化機操作注意事項

台車式火化機在使用過程中應注意以下事項：

1.引射風機開啓後，一定要保證爐膛內有預定的負壓，才能進行下一步操作，否則要進行檢查。

2.點燃主燃燒器時，如果按點火按鈕，五秒鐘之內還沒有點燃燃燒器，應立即按關火按鈕；重新操作一次，若還是點不著火，就不能再進行點火操作了，應打開爐門檢查，發現問題及時處理。再點火時必須打開爐門，這樣做的目的，是爲了防止爐膛內富集的油氣在點火的瞬間產生爆炸，這是防止爆炸和爆燃的必要措施。

3.點燃主燃燒器時，頭、眼不要正對著操作門孔，以免爐內壓力突然增大時，火焰向外噴射造成灼傷。

4.電控系統的電腦發生故障時，可以透過門內的硬手操旋鈕，轉換到手動操作模式下操作，然後透過硬手操進行正常工作。

5.台車式火化機在燃燒的過程中，應密切注意主燃室負壓的變化，如果主燃室出現正壓，就會使煙氣和異味溢出爐外，汙染火化區環境。如果負壓過大，就會使爐膛熱損失過大，增加燃料消耗，延長焚屍時間。在台車式火化機的工作運行中，這兩種情況都不應該出現。

6.台車式火化機的台車既是遺體入爐的輸送設備，又作爲火化遺體時的主燃室炕面，在遺體抬上台車前，應先檢查台車炕面的溫度，注意一定要等到台車炕面待冷卻後再抬遺體上台車。應定期檢查台車式火化機的傳動機構，發現異物台車及軌道上留有異物，應及時清理，減速器和鏈條等部位應每周加注潤滑油一次。

第三節　火化機操作規程

火化機的操作過程中，必須遵循以下的操作規程：

一、火化機檢查規程

1.必須做好火化設備運行前的準備工作，操作人員穿戴好勞動保護用品，做好火化區前廳和後廳的清潔工作，將各種工具擺放有序。

2.檢查火化設備的外觀有無異常。

3.對爐門、燃燒管道、供風管道進行檢查，試一試閥門啓閉是否靈活。

4.試一下煙道閘板啓閉是否靈活，升降有無異常。

5.試一下送屍車的動作是否正常，控制點是否正確，屍車上的電動機聲音有無異常。

6.檢查電控系統的各儀表是否正常，控制點是否正確。

7.燃油式火化設備要檢查油罐的存油量，管道及爐膛內有無漏油現象。燃氣火化設備，則要檢查供氣閥和分閥啓閉是否靈活自如，壓力是否符合要求，管道及燃燒器有無洩漏，爐膛內是否有富集的可燃氣體。

8.燃油式火化設備，要打開爐門幾分鐘，讓可能存在的油氣混合物逸出爐膛，並檢查燃燒器噴油嘴有無滴漏現象。燃氣式火化設備也打開爐門幾分鐘，使爐膛可能存在的富集可燃氣體散去。這都是爲了防止點火時發生燃爆。

二、點火升溫的操作規程

1.點火前要關閉窺視孔和操作門，防止萬一發生燃爆破時，火焰竄出灼傷操作人員。

2.配備了引風機的火化設備，在點火前，要先啓動引風機，並打開煙道閘板；沒有配備引風機的火化設備，在點火前應先將煙道閘板升至極限，點火後根據燃燒情況和爐膛內的壓力情況，對煙道閘板的開合度進行調整。

3.配備了自動燃燒器的火化設備，在點火前要打開保護隔板，將燃燒器推進到工作位置，打開控制球閥。配置了自動脈衝點火器的火化設備，則要嚴格注意，不能先向爐膛內噴射燃料後再點火，而應當先啓動點火器，緊隨著供給燃料。用點火棒點火的火化設備，先應點燃點火棒候在爐膛內燃燒器的噴嘴邊，然後再噴燃料。

4.點火後，打開窺視孔，觀察火焰的色度，調整燃料和助氧風的配比，使火焰呈黃亮色。同時，根據爐膛內壓力的情況，調整煙道閘板的開閉程度，使爐膛內的壓力保持在-5至-30Pa之間，禁止出現爐膛正壓，但負壓又不宜過大，保持微負壓最好。如果是全自動控制的火化設備，這一切都由控制器按照各種設定進行自動調節，無須人工調節。如果是半自動控制的火化設備，仍需手動調節。如果是低檔火化設備，則主要靠操作人員的手工調節。

5.如果是有兩個或兩個以上的燃燒室的火化設備，則是先點燃三燃燒室，再點燃二燃燒室，最後才點燃主燃燒室，這一順序不能倒置也不能亂。

6.點火器或人工點火棒點火時，如在五秒鐘內沒有點燃，則不能繼續強行點火，應及時查明原因、排除故障後，再按點火要求進行點火。

7.當主燃燒室和再燃燒室的燃燒穩定後，主燃燒室的溫度達到500℃

以上時，就可以進屍焚化。全自動控制的火化設備對進屍的溫度的要求十分嚴格，對爐溫未達到設定值時，爐門就無法打開，也就進不了屍。對於中、低檔火化設備，火化工也應自覺按要求操作。

8.進屍後，必須嚴格按照遺體在各個燃燒階段的不同特點，不斷地調節燃料和助氧風的供量，使遺體焚化的全過程始終保持在最佳狀態下燃燒焚化。在焚屍過程中，有些殯儀館為了片面地追求縮短焚化時間和節省燃料，不斷地翻動屍體，這是十分錯誤的做法，應予以堅決制止。

9.當煙道閘板上升到極限時，如爐膛內仍出現正壓，遇到這種情況，應先減少燃料和助氧風的供給，等待負壓的出現。數分鐘後，如爐膛內仍未出現負壓，應首先檢查引風機設備有無故障，如是不配備引風機的火化設備，則要查出影響自然抽力的原因；檢查煙道閘板是否滑落或斷落；煙道出口有無堵塞現象；煙道內有無堵塞物；煙道的漏風率是否超過了允許值。查明原因並排除故障後，才能繼續焚化。

三、遺體焚化操作規程

1.當主燃燒室和再燃燒室的燃燒穩定後，主燃燒室的溫度達到600℃時，就可以進屍。全自動控制的火化機對進屍溫度要求很嚴，對爐溫達不到設定的進屍溫度時爐門就不會打開。對於中、低檔火化機，也應自學地按要求操作，爐溫未達到600℃時，最好不要進屍。許多殯儀館是冷爐進屍後再點火。這種情況必須堅決糾正。

2.進屍後，必須嚴格按照遺體在各個燃燒階段的不同特點，不斷地調整燃料供給量和助氧風供給量，使屍體焚化的全過程中始終保持在最佳燃燒狀態。在焚屍過程中，儘量減少翻動遺體。有些殯儀館為了節省焚化時間、減少燃料消耗，在焚屍過程中不斷地翻動遺體，這是十分不文明、不道德的行為，必須堅決制止。

3.當煙道閘板上升至極限時，如果爐膛內仍出現正壓，應減少燃料和助氧風的供給量，等待負壓的出現；如未出現負壓，就應先檢查引風設備有無故障。沒有引風裝置的火化機，則要檢查影響自然抽力的原因，檢查煙道閘板是否滑落或斷落，煙道出口有無堵塞現象，煙道內有無堵塞物，煙道的漏風率是否過高；查明原因並排除故障後，再繼續焚化。

4.遺體焚化的全過程中，操作人員不得離開崗位，必須經常觀察屍體的焚化情況，不斷觀察火焰、爐溫、爐壓等情況，直到焚化完畢。

5.調節好燃料供量、助氧風供量，使火焰保持黃亮灼眼，力求始終處於最佳燃燒狀態，隨時觀察儀表數據。恰當的空氣過剩係數是至關重要的，供風量過多則會造成爐溫下降，熱損失多，供風量過少，則會造成缺氧，燃燒不充分，導致產生大量的有毒、有害物質。

6.爐膛內壓力的大小，對屍體焚化效果及火化區環境影響甚大。如果出現正壓，煙氣就會逸出爐膛而汙染火化區環境；如負壓過大，會造成熱損失過多，使爐溫上不去，導致浪費燃料，延長焚化時間。所以，要根據爐膛壓力的情況，經常調節煙道閘板的啓閉程度。

7.使主燃燒室和再燃燒室保持設定要求，溫度不夠時，採取措施使爐溫升上去；爐溫過高時，採取措施，使爐溫降到設計溫度。主燃燒室的最佳工作溫度是825℃±25℃，如低於800℃時，則應增大燃料和助氧風的供量；高於850℃時，則應減少燃料和助氧風供量。一般來說，溫度上不去的情況，都是發生在焚化當日第一具屍體時，到了連續焚化兩至三具時，很少出現爐溫上不去的情況。當爐溫高於900℃時，可以暫停燃料供給，只適當地供給助氧風，待爐溫降至800℃以下時，再恢復燃料的供給。

再燃燒室的最佳工作溫度是900℃，如接近900℃左右時，可暫停燃料供給，只供必要的助氧風。連續焚化時，如只要再燃燒室內的溫度在600℃以上，就不必供燃料，只供助氧風即可。

全自動控制的火化機，只要給電腦輸入主燃燒室的爐溫和再燃燒室的爐溫設定值，控制系統會透過回饋值由指令系統自動控制，使各燃燒室的溫度始終符合設定值的要求，不會突破上限和下限，對於大多數自動控制的火化機來說，仍應堅持肉眼觀察，因爲有時儀表有誤，電腦會出現故障等現象。

如果有三次燃燒室的火化機，操作要求與再燃燒室的火化機相同。

8.電磁閥、熱電偶、氧化鋯等探頭的位置要正確，以免造成儀表假象或回饋失眞。

9.遺體焚化的全過程禁止翻動，堅持文明、安全火化。

四、控制系統的操作規程

凡裝配中、高檔火化設備的殯葬單位，均應配備專職電工，專門負責電氣設備的操作、保養和故障的維修工作。

1.首先瞭解整個火化設備的結構、原理、性能、作用；熟悉電控系統的結構原理、控制原理；熟悉各明線和暗線的走向；熟悉各電器元件的作用。

2.裝備多台火化設備的殯葬單位，如動力較大的鼓風機、引風機、電動機，要懂得「削峰」措施，不能同時啓動，應錯開時間啓動。

3.熟知所裝備的火化設備運行的操作程序和注意事項，熟悉生產廠家提供的「使用說明書」，按規定程序的操作，絕不能出現操作錯誤。

4.如果是帶煙氣處理裝置的火化設備，運行時，先啓動引風機，再啓動除塵器和換熱器的動力，後啓動鼓風機；停止運行時，先關停鼓風機，再關停除塵器和換熱器動力，最後關停引風機。

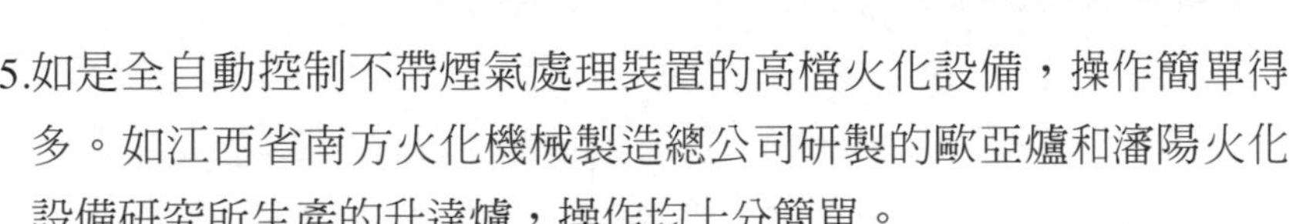

5.如是全自動控制不帶煙氣處理裝置的高檔火化設備，操作簡單得多。如江西省南方火化機械製造總公司研製的歐亞爐和瀋陽火化設備研究所生產的升達爐，操作均十分簡單。

但多台設備，也應注意，不能多台設備同時啓動。

五、骨灰處理

1.遺體焚化完畢，要認眞清理骨灰，做到不漏灰，不混灰，絕對不能錯灰。火化工人是人生最後一站的服務員，應當具有高度的責任感受和人情味，自覺地遵守職業道德，送走死者，撫慰生者，這也是殯葬文化的具體體現。

2.骨灰冷卻後，揀出碳黑，裝入小布袋或直接裝入骨灰盒 。骨灰品質以白、酥爲佳，從骨灰的品質也可以看出火化設備燃燒的品質。

3.有些殯葬單位將骨灰粉碎後裝入小布袋後入盒；有些殯葬單位是將骨灰篩去粉未後裝入小布袋入盒 ；有些殯葬單位是將骨灰直接入土。骨灰的處理因地而異，不求統一。

六、停機保溫

1.當一個工作日或一個班次的焚屍任務完成後，隨著一個工作日或一個班次的結束，必須停機保溫。如果一日兩班，當第二班焚屍任務完成時，停機保溫。

2.停機保溫的作用是：爲第二天運行保持一定的溫度，以節省燃料；減少砌體熱脹冷縮而造成的損壞，延長設備的使用壽命；縮短爐膛的預熱時間。

3.徹底清除爐膛內的積灰，嚴禁留屍在爐內。

4.如是配置自動燃燒器的火化設備，在停機時應將燃燒器移出，並關上隔板，防止爐膛內高溫烤壞高壓線和光敏電阻。

5.關閉所有的燃料閥。如果是以可燃氣體爲燃料的火化設備，還要關閉總閥；關閉風閥。按如下順序：先關閉鼓風機電源，再關閉煙氣處理裝置的電源，最後關閉引風機或引射裝置的電源，降下煙道閘板，關閉操作門、爐門、窺視孔。有些爐門由於衝擊力的作用，在關閉時會向上反彈，造成關閉不嚴、影響保溫，所以要檢查一下，如發現反彈，要及時將爐門配重頂一下，使爐門關閉好。

6.清掃火化區的前廳和後廳，擦淨火化設備爐體的外裝修，擦淨送屍車上的積灰和熏黑，擦淨儀表面板，火化工具要擺放整齊，關掉火化區的排氣扇，關好火化區的門窗。

7.如果是配用直流電源的送屍車，在停機後要及時充電，充電時調在10～15安培，並注意正、負極不要接錯，如果直流電送屍車長期不用，也要每隔五天充一次電，每十五天檢查一次電壓，如不足，應及時加以充電。

第四節　火化業務記錄及設備記錄

一、火化業務記錄

殯儀館每天要處理很多遺體，火化業務涉及到社會大量人群，爲了防止在火化操作中出現差錯，在進行火化業務過程中有一套嚴格的操作流程和操作規範，約束遺體火化師的操作。

根據火化工作流程：火化區接收整容或禮廳轉來的遺體，應檢查火化證明及火化業務傳遞單的內容是否齊全、準確。

火化業務傳遞單應包括：編號、亡者姓名、性別、年齡、遺體入場時間、存屍時間（起止日期）、遺體進入火化區時間、死亡原因、爐別、火化號等內容，以及火化師、發灰人、領灰人簽字欄等，見**表7-1**。

表7-1　火化業務傳遞單

編號		亡者姓名	
性別		年齡	
遺體入場時間		年　月　日	
存屍時間	從　年　月　日到　年　月　日		
遺體入火化區時間		時　分	
火化師		死亡原因	
發灰人		爐別	
領灰人		火化號	

火化證應包括以下內容：死者姓名、性別、年齡、死亡原因、死亡日期、住址、骨灰處理方式、火化證編號等，以及火化申請人姓名、住址、與死者關係等內容，見**表7-2**。

遺體火化師應將與火化業務有關的死者資訊登記在火化區火化記錄表上，並安排火化任務，明確操作人員和所使用的火化機號碼，相應地做好記錄。火化區火化記錄表應包括姓名、年齡、性別、死亡原因、火化證編號、進火化區時間、入爐時間、操作人員、爐號等內容，見**表7-3**。

一些較大型的殯儀館火化完成後，遺體火化師將骨灰裝殮完畢後，應將骨灰送交發灰處，在和發灰處交接骨灰時，應履行骨灰交接手續，填寫火化區骨灰收灰登記表，發灰處在向亡者家屬發灰時，應和骨灰領取人做好骨灰的交接，並做好交接記錄，骨灰發灰登記表一般應包括：亡者姓名、火化編號、盒類型、登記人、發灰人、取灰人簽字等內容。見**表7-4**所示。

表7-2　火化證

死亡人	姓名		性別		死亡原因		遺體或屍骨	
	編號		年齡		死亡日期		與亡者關係	
申請人	骨灰處理		住址					
	姓名		住址					
業務地點					告別時間			
備註								

表7-3　火化區登記表　　年　月　日

序號	姓名	亡者性別	年齡	死亡原因	編號	進火化區時間	入爐時間	爐號	備註

表7-4　火化區收灰登記表　　年　月　日

月／日	亡者姓名	火化號	火化機類型	送灰人	收灰人	裝灰人	備註

二、火化設備運行記錄

爲安全使用火化設備，更好地完成火化業務，隨時掌握火化設備運行狀況，建立並填寫設備運行記錄制度是非常必要的。火化設備的運行記錄是對設備當日運行情況的記錄，由遺體火化師每天填寫，並向管理部門進行月報和年報，由火化部門負責人簽字，保存期不少於一年。 它是火化設備的檔案，也是設備使用單位考察火化設備效率、油耗、汙染物排放等指標的原始依據。火化設備要由固定的具有工作操作證的遺體火化師操作，使用單位要制定規範的操作程序和設備管理制度，操作人員要持證工作，嚴格按規範操作，認眞做好設備

火化設備的運行記錄應包括以下內容：爐號、火化序號、死者姓名、入爐時間、火化完成時間、油量表讀數、主燃室溫度、再燃室溫度、主燃室壓力、爐表溫度、煙氣排放等級、傳動機構情況、電控系統情況等專案。死者姓名、入爐時間、火化完成時間、油量表讀數、主燃

室溫度、再燃室溫度、主燃室壓力、爐表溫度、煙氣排放等級，火化每具遺體記錄一次。在火化設備開機運行期間，當班的遺體火化師每小時至少對設備運行情況進行一次巡查，檢查結果及查出問題和處理情況應填入運行記錄表，傳動機構和電控系統的運行情況，在每天火化業務結束後重點檢查記錄。火化設備使用單位應對設備安全做定期檢查，主管應對火化區工作每月做一次現場檢查，火化區負責人應每周做一次現場檢查，查看設備情況及設備運行的原始記錄表，發現問題及時解決。**表7-5**是某殯儀館火化設備運行記錄的樣本。

表7-5　火化交接班記錄

設備部分	傳動機構	燃燒系統	供風系統	排放系統	電控系統	進屍系統
清潔情況						
使用情況						
附件工具						

第八章

火化機日常保養和常見故障的維修

本章重點

1.瞭解火化設備日常保養的內容，掌握平板式、台車式火化機日常保養程序

2.瞭解火化機一般常見故障現象和故障排除方法

第一節　火化機的日常保養

一、火化機一般日常保養

為了確保火化機的正常運行，保證設備完好，日常保養工作十分重要。這項工作做好了，可以減少故障，有效地延長火化機的使用年限，延長了大修的週期，節省了開支，增加收入。火化機的日常保養工作主要包括以下幾個部分：

1.每個班次都要認眞檢查電機、風機、齒輪、鏈輪、減速器等是否正常；檢查油管、風管有無洩漏或滴漏的情況。如發現問題，及時處理，不能拖延，不能帶「病」運行。

2.經常檢查下排煙道有無積水或潮濕，有無異物堵塞。經常檢查上排煙道的漏風情況，發現問題，及時處理，保持下排煙道的乾燥；上排煙道不超過5%的漏風率。

3.電機、風機、減速器、分風管、儀表、電腦等，嚴格按照「產品說明書」的要求進行保養。

4.各電路要經常檢查安全情況，各接地、各保護器要經常檢查，特別是各項易損、易壞零件的完好情況要經常檢查，作到心中有數。

5.行程開關只要有一點偏差，都要及時校正。

6.各螺栓每七天要擰緊一次。

7.各傳動部位，每七天加一次適用的合格的潤滑油。

8.鋼絲繩每月要塗一次石灰粉。

9.再燃燒室每月要清灰一次。

10.砌體一定要避免進屍車或鉤耙的碰撞，特別是厚木棺，木棺一定要在進屍車上定好位置，不能出現碰撞和磨擦砌體。

11.如有換熱器的火化機每月要清灰一次。

12.如有電除塵器的火化機，一定要按規定進行振打，及時收塵。

13.火化機的外殼或外裝飾每天要進行擦淨一次，如工作需要卸下扣板時，不能亂丟或踩踏。

14.火化機的風管、燃料管每年要按原色油漆一次。

15.各操作門、清灰門、各外露的鑄鐵件，每半年塗刷一次黑油漆。

16.如是上排煙道的火化機，上排煙道禁止任何碰撞，管外都要塗刷兩次高溫防銹油漆。

17.有後煙氣淨化處理的火化機，要及時處理滲漏水和積水。

18.電器櫃、控制台、程序器、儀表櫃、線路板、電腦和各電氣元件，要做好防潮濕、防高溫和防積灰的工作。

19.裝有電除塵器的火化機，要及時清除瓷瓶和絕緣板上的積灰，防止受潮，防止產生爬電現象。

20.高壓電纜要有護套和套管。

21.對電的使用要嚴格注意「削峰」，嚴禁多台電機同時啓動。

22.電腦控制系統或高壓矽整流裝置出了故障，不能自行拆卸，要即時與生產廠家聯繫，由生產廠家派專人進行處理。

二、平板式火化機的保養

(一)常規保養

平板式火化機應經常進行保養，每週保養項目包括：檢查進屍爐門下有無異物，檢查屍車有無異常現象，檢查爐膛底板情況，檢查熱電偶的情況；清掃電氣控制櫃，清掃火化主燃室，清除火化時的金屬殘留物如鐵釘、螺絲等。

火化一千五百具左右遺體後應進行保養項目：清掃主燃室裏爐牆、爐拱，清除主燃室、再燃室煙氣通道裏的灰渣。清掃火化機內部的耐火通道，拆下蓋板，打開火化機底部的四個清灰口，清除所有蓋板下面的積灰和耐火材料上剝落的疏鬆物質，扒出所有堆積在通道口積灰物，然後用工業眞空吸塵器吸去所有餘留的物質。檢查清灰口蓋板的密封是否嚴密，如密封不嚴，應更換蓋板的矽酸鋁纖維。

檢查二次助燃風管是否工作正常，清理各助燃風管口；檢查熱電偶保護套管是否損壞，如有損壞應立即更換。

檢查爐門及送屍車，鏈條及導向件加潤滑油，減速機應加機油，各電機軸承亦應加黃油。

拆下主燃燒器和再燃燒器點火電極，檢查絕緣瓷件是否破損，如有損壞應更換新件；如無損壞，應將點火電極清洗乾淨後裝好。

(二)定期保養

平板式火化機在正常保養的情況下，每火化三千具遺體後需作一次全面的檢查保養。其檢修內容包括以下專案：

■進屍車的保養

打開送屍車的前板，檢查減速器是否缺油、漏油，如有漏油現象應找出漏油部位，修復封口並重新加滿潤滑油。檢查棘輪是否有磨損、斷齒和變形，如有問題應即時更換；檢查導向鏈條是否鬆動，如有鬆動應立即固定；檢查三排傳動鏈鬆緊情況，如發現過鬆或過緊，應即時調整。檢查小車履板是否有變形現象，如果有變形或損壞，應即時更換。檢查固定小車軸承與小車的間隙是否合適，如發現間隙過大或過緊，應立即調整。

■爐門的保養

取下前立架頂部的不銹鋼罩，檢查爐門上下限位開關安裝是否穩固、觸點是否正常；檢查爐門在全開或全關時，爐門限位開關的位置是否貼在撞塊的中間部位，如有變化應進行調整。檢查爐門傳動鏈條的連接情況，加注潤滑油；檢查鏈條的鬆緊程度，如過鬆或過緊，可透過調整馬達安裝位置，調節傳動鏈條的鬆緊。關閉爐門檢查爐門與主燃燒室之間密封是否嚴密，如有縫隙，應即時修復。

主燃室的保養

打開爐門進入主燃燒室，全面檢查耐火材料的損壞情況，特別要注意排煙道口周圍耐火材料的情況，清除沉積在耐火材料上的鬆軟附著物質。檢查主燃燒室絕熱層的情況，如有破損，即時修復或更換。用人工轉動鼓風機葉片，按順序打開各氣閥，檢查主燃燒室內的每個助燃風口是否都能產生不間斷氣流，用這種方法亦可檢測引射風機工作是否正常。

檢查主燃室炕面是否有明顯的高低不平或斷裂之處，如有問題應即時更換炕面，更換炕面要待爐膛冷卻後，用工具把炕面的第一層平板撬起，然後清掃乾淨，再用耐火泥把新平板一塊一塊對齊、墊平，待乾燥後即可使用。檢查爐牆或爐拱是否有明顯的脫落現象，下火口是否有明顯的變形，如有應把爐牆和爐拱拆掉，用新耐火磚和耐火泥按原來的形狀砌築好，但側面和後面的保溫和隔熱層可以不破壞。在重新砌築爐牆和爐拱時，如發現助氧風管已壞也應重新更換。

如果是爐條爐，發現爐條斷裂或明顯脫落，應待爐膛冷卻後，把已壞爐條清除掉，爐內清掃乾淨，然後把新爐條按原來位置裝好放平。

煙道閘板的保養

火化機上的煙道閘板一般位於煙囪附近或火化機的側面，如果煙道閘板是在火化機的外側，為便於檢修其控制性能，應先取下火化機的外蓋板，檢查閘板及鏈條情況。看看閘板是否能自由活動，鏈輪和轉軸是否已被卡住，檢查耐火閘板接槽口的連接情況，確保閘板耐火磚的自由

活動沒有障礙，平衡平滑，如有問題應即時修理或更換。升降閘板到上下限位，檢查閘板上下位的限位開關動作是否正常，當閘板耐火磚處於最低位置時，確保它不是全部關閉，而要在閘板座和由耐火材料建成的通道之間留有10～60毫米的空隙。清除所有積灰和閘板周圍的耐火磚屑。

■風機的保養

打開風機，檢查葉片、軸、軸承座和軸承有無損壞或變形，爲確保鼓風機的安全性，還要檢查接合處是否有漏縫。在風機運行時，檢查是否有異常震動和異常響聲。

■預備門的保養

檢查預備門的傳動機構是否正常運行，上下軌道有無雜物，定時清洗。

三、台車式火化機的保養

(一)常規保養

台車式火化機應經常進行保養，每週保養的項目包括：檢查進屍爐門下有無異物，檢查進屍車有無異常現象，檢查主燃室炕面及測溫熱電偶的情況，如有問題應立即解決，清掃電氣控制櫃，清掃台車軌道下掉落物及飄塵等。

台車式火化機每使用三個月應進行以下項目的保養：清掃主燃室裏爐牆、爐拱，清除主燃室、再燃室煙氣通道裏的灰渣。打開火化機爐體上預設的四個清灰口，清除裏面的積灰和耐火材料上剝落的疏鬆物質，用工業眞空吸塵器吸去所有其他餘留的物質。檢查清灰口蓋板的密封是否嚴密，如密封不嚴，應更換密封蓋板的矽酸鋁纖維。

檢查二次助燃風管是否工作正常，清理各助燃風管口；檢查熱電偶

保護套管，如有損壞應立即更換。

檢查爐門及送屍車，各電機軸承、鏈條及導向件加潤滑油，減速機應加機油。拆下主燃燒器和再燃燒器點火電極，檢查絕緣瓷件是否破損，如有損壞應更換新件；如無損壞，應將點火電極清洗乾淨後裝好。

(二)定期保養

台車式火化機在正常保養的情況下，每火化兩千具遺體後需作一次全面的檢查保養。其檢修內容包括以下專案：

■台車的保養

檢查台車炕面是否有明顯高低不平或斷裂之處，如有問題應即時更換，更換炕面要待爐膛冷卻後，用工具把炕面的第一層平板撬起，然後清掃乾淨，再用耐火泥把新炕面磚一塊塊對齊、墊平、砌好，待乾燥後即可使用。

檢查台車減速器是否缺油、漏油，如有漏油現象應找出漏油部位及原因，修復封口後重新加滿潤滑油。檢查棘輪是否有磨損、斷齒和變形，如有問題應即時更換；檢查導向鏈條是否鬆動，如有鬆動應立即固定；檢查傳動鏈鬆緊情況，如發現過鬆或過緊應即時調整。檢查固定小車軸承與小車的間隙是否合適，如發現間隙過大或過緊，應立即調整。

■爐門的保養

取下前立架頂部的不銹鋼罩，檢查爐門上下限位開關安裝是否穩固、觸點是否正常；檢查爐門在全開或全關時，爐門限位開關的位置是否貼在撞塊的中間部位，如有變化應進行調整。檢查爐門傳動鏈條的連接情況，加注潤滑油；檢查鏈條的鬆緊程度，如過鬆或過緊，可透過調整馬達安裝位置，調節傳動鏈條的鬆緊。關閉爐門檢查爐門與主燃燒室之間密封是否嚴密，如有縫隙，應即時修復。

主燃室的保養

打開爐門退出進屍車，進入主燃燒室，全面檢查耐火材料的損壞情況。特別要注意排煙道口周圍耐火材料的情況，清除沉積在耐火材料上的鬆軟附著物質；檢查主燃燒室絕熱層的情況，如有破損，即時修復或更換。如果爐牆或爐拱有明顯的脫落現象，下火口有明顯的變形，則應把爐牆和爐拱拆掉，用新耐火磚和耐火泥按原來的形狀砌築好，但側面和後面的保溫和隔熱層可以不破壞，在重新砌築爐牆和爐拱時，如發現助氧風管已壞也應重新更換。用人工轉動鼓風機葉片，按順序打開各氣閥，檢查主燃燒室內的每個助燃風口是否都能產生不間斷氣流，如有堵塞或損壞，應即時修復或更換。

煙道閘板的保養

檢查煙道閘板及鏈條情況，看看閘板是否能自由活動，鏈輪和轉軸是否已被卡住，檢查耐火閘板接槽口的連接情況，確保閘板耐火磚的自由活動沒有障礙，平衡平滑，如有問題應即時修理或更換。升降閘板到上下限位，檢查閘板上下位的限位開關動作是否正常，當閘板耐火磚處於最低位置時，確保它不是全部關閉，而要在閘板座和由耐火材料建成的通道之間留有一至六公分的空隙。清除所有積灰和閘板周圍的耐火磚屑。

風機的保養

打開風機，檢查葉片、軸、軸承座和軸承有無損壞或變形，爲確保鼓風機的安全性，還要檢查接合處是否有漏縫。在風機運行時，檢查是否有異常震動和異常響聲。

預備門的保養

檢查預備門的傳動機構是否正常運行，上下軌道有無雜物，定時清洗。

■電氣控制系統的保養

檢查各部分電線是否老化，如有老化就即時更換；檢查各感測器是否有用，如沒用就更換；檢查各繼電器是否有壞的，如有應即時更換；檢查電腦、控制器的功能是否正常，如不正常應即時調整。

四、火化設備檢修保養記錄

火化設備是火化區的核心設備，遺體火化師在日常的使用過程中，應經常檢查維護保養。日常檢查保養的主要內容包括：燃燒系統及燃燒工況；風油管道及其附件；爐溫、爐壓電流、電壓、油壓、油量等是否在規定範圍內；安全保護裝置、電控系統和儀表是否靈敏可靠；爐膛磚結構耐火材料有無損壞；爐門、煙道閘板、進屍車等是否潤滑正常，啓閉靈活；煙道是否通暢等。

火化設備的運行狀況好壞及使用壽命的長短與保養維護工作關係很大，同樣的火化設備有些地方用了十幾年仍然運行良好，外觀一塵不染，有些地方用一、兩年就故障頻出，骯髒不堪。所以保養工作應堅持每天進行，保養項目應包括**表8-1**中所列的整齊、清潔、潤滑、安全四部分十幾個專案。當班操作人員應每天對火化設備進行兩次檢查，上午及下午各檢查一次，檢查結果及查出問題和處理情況應即時塡入檢查記錄表或運行記錄表；火化區負責人應每週做一次設備的現場檢查，並爲保養維護情況評定分數；火化設備使用單位應對設備安全工作定期檢查，主管人員應對火化區每月做一次現場檢查。

火化設備應進行定期或不定期的維修，維修分大、中、小修三類，小修可隨時進行，有時也可不需要停爐，按具體情況做修理工作。中修一年一次，包括清理煙道積灰、修補更換炕面磚，修理電氣設備和附屬設備，修理、校驗儀表等。大修無規定年限，應根據具體情況而定，如果平時 小、中修及時，並且修理品質好，大修可幾年或十幾年進行一次，火化機大修後應達到火化機通用技術條件的一切技術要求。

表8-1　火化設備日常檢查保養記錄

<table>
<tr><th rowspan="2">項目</th><th rowspan="2">主要檢查內容</th><th rowspan="2">標準分數</th><th colspan="5">實際評定分數</th></tr>
<tr><th>第一週</th><th>第二週</th><th>第三週</th><th>第四週</th><th>全月</th></tr>
<tr><td rowspan="3">整齊</td><td>操作部件及標示牌齊全</td><td></td><td></td><td></td><td></td><td></td><td></td></tr>
<tr><td>工具、設備附件放置整齊</td><td></td><td></td><td></td><td></td><td></td><td></td></tr>
<tr><td>風油管道及電氣線路整齊</td><td></td><td></td><td></td><td></td><td></td><td></td></tr>
<tr><td rowspan="3">清潔</td><td>進屍車導軌、進屍車履帶、翻板無煙燻痕跡，絲杆、齒條、操作臺等均無油汙，無碰傷，無銹蝕</td><td></td><td></td><td></td><td></td><td></td><td></td></tr>
<tr><td>無漏氣、漏水、漏油現象</td><td></td><td></td><td></td><td></td><td></td><td></td></tr>
<tr><td>設備內外清潔，無灰塵，漆或不銹鋼裝飾面見本色，設備周圍無積存的垃圾</td><td></td><td></td><td></td><td></td><td></td><td></td></tr>
<tr><td rowspan="2">潤滑</td><td>潤滑油路暢通，加注油器具清潔齊全</td><td></td><td></td><td></td><td></td><td></td><td></td></tr>
<tr><td>按時加油換油，油質符合要求，油標明亮，潤滑良好</td><td></td><td></td><td></td><td></td><td></td><td></td></tr>
<tr><td rowspan="2">安全</td><td>防護裝置齊全可靠，無漏電現象</td><td></td><td></td><td></td><td></td><td></td><td></td></tr>
<tr><td>實行定人定機，認真填寫交接班記錄，遵守安全技術操作規程</td><td></td><td></td><td></td><td></td><td></td><td></td></tr>
<tr><td></td><td>總分</td><td></td><td></td><td></td><td></td><td></td><td></td></tr>
<tr><td></td><td>評定等級</td><td></td><td></td><td></td><td></td><td></td><td></td></tr>
<tr><td>備註</td><td></td><td></td><td></td><td>定級說明</td><td colspan="3">優等：總分達90分以上
良好：總分達80~89分
及格：總分達70~79分
不及格：總分達70分以下</td></tr>
</table>

第二節　火化機常見故障的維修

一、火化機的中修和大修

當火化機使用一段時間後，要進行中修和大修工作，其主要作用是爲了加強和保證火化機的整體運行效果和保養，保障火化機各部分的完好，以提高工作的穩定性。同時透過中、大修工作還可較徹底檢查各工作系統的損壞情況，以便即時更換損壞的元件，確保火化機工正常運行。

(一)中修

每台火化機在焚化五千具遺體後，一般應中修一次。

中修的具體內容如下：

1.更換或修補已損壞的耐火磚、預製件、架屍座（爐長或平板），並塗刷水玻璃或耐高溫塗料。

2.檢修或更換易損、易壞件。

3.檢查檢修各電機、減速器、各軸承座、各軸承和傳動部件，並定期更換潤滑油，

4.檢修或更換燃燒器的燒嘴，檢查各敏感元件的位置是否恰當，反映是否眞實。

5.燃燒器中的元件需要更換的必須更換。

6.檢修內外爐門、煙道閘板和滑道，更換已損壞的爐門、煙道閘板和滑道。

7.全面檢修進屍車，更換損壞件。

8.檢查檢修電器、電路，更換失靈和老化的元件。

9.全面檢修預備門的傳動裝置（如鏈條、齒輪等）。

10.清理煙道口，清除煙道的積灰或異物，清除送風管和煙道口的結渣。

中修後，要重新進行烘爐、燒結和試運行。一切正常後，方可重新投入使用。

(二)大修

從火化機投入使用時算起，每焚化一萬具遺體後，要進行大修一次。大修的內容一般如下：

1.更換所有耐用火預製件。
2.重新砌築所有的砌體。
3.更換爐門、耐火材料。
4.更換或檢修煙道閘板和滑道。
5.調整傳動裝置、行程裝置、限位裝置的位置或間隙。
6.徹底清除煙道積灰和異物。
7.其他內容與中修相同。

大修後要按新爐的程序進行烘爐，試燒後，一切正常方可投入運行。

二、火化機的常見故障及排除方法

(一)防止燃爆對砌體破壞的措施

■在爐體上裝置防爆閥

一旦發生燃爆，強大的壓力在瞬間將衝開防爆閥，從而減少燃爆對砌體的衝擊力和張力，減輕了對爐膛的損壞程度。

■配備火焰監測器

火焰監測器能準確地測出爐膛內的火焰和燃燒器的火強弱與有無，如果火焰不存在或突然中斷，它能在瞬間切斷電磁閥，以斷絕燃料繼續進入爐膛內，確保安全。

■配備安全切斷閥

安全切斷閥可以準確有效地控制燃料，當燃料壓力、空氣壓力、電壓出現不正常時，安全切斷閥能在瞬間立即動作，防止燃爆的發生。

■在大口徑管道上設置防爆口

所謂防爆口，就是在大口徑管道上開一個圓口，再裝上容易破壞的金屬薄片，當燃燒室或管道內發生燃爆時，防爆口的金屬片會立即被衝破，從而管道內壓力驟減。也就是說，以局部定位的被破壞，換取整體的不受影響。

(二)爐溫過高的原因及解決辦法

1.由於儀表失靈或探頭的位置不當而造成的假高溫，並非爐膛的實際溫度。首先檢查探頭位置是否正確，再看探頭是否老化損壞，最後看儀表是否失靈，位置不對要重新放置，探頭或儀表損壞失靈，則予以更換。

2.由於供燃料或供氧過多，而使爐膛溫度過高。這種情況要減少燃料和助氧風的供給，或者暫停燃料供給，只給適當的助氧風，使遺體自燃。

3.由於遺體脂肪過多而造成的爐溫過高。這種情況要減少燃料和助氧風的供給，或者暫停燃料的供給，只供給適當的助氧風，使遺體自燃。

4.如果一台火化設備，在一天中焚化十具甚至更多的遺體，必然會出現爐溫過高的情況。這種情況，必須少供給或暫停供給燃料，

利用爐膛內高溫，使遺體在高溫下自焚，但要確保遺體自燃的助氧風必須充足。這樣既解決了爐溫過高的問題，又節省了燃料，節約了成本。

(三)爐溫明顯下降及解決辦法

1.如果是爐膛負壓過大，必然會造成熱損失過多，致使爐溫明顯下降，即使加強燃燒，爐溫也很難升上去。這種情況，應即時將煙道閘板下降到合適的位置，有的火化機可控制引風機的轉速，使爐膛壓力保持微負壓就可以。

2.如果是燃料供給不足，則應加大燃料的供量；如果是供氧太多，則應減少助氧風的供量。

3.如果氣體燃料壓力不夠，而出現火焰長度不夠、剛度不足，則應使氣體燃料的壓力符合工況要求。

4.如果是儀表失靈或探頭位置不當造成的假象，則應重新調整探頭的位置或更換儀表。一般來說，儀表不眞實反映爐膛的溫度，只要透過觀察爐膛內燃燒情況和火焰的溫度即可看出。

5.如果是熱電偶失靈，則應更換熱電偶。必須說明的是，熱電偶是消耗品，一般使用六個月就可能失靈，稱之爲熱損失，即使是耐高溫的熱電偶，其使用壽命也只有一年左右。

6.如果是肝腹水死亡的遺體，腹部燒破時，大量的屍水將流出，會造成爐溫驟減。這種情況，只要強化燃燒，爐溫自然會很快回升。

7.如果是冷藏較久的遺體，遺體的吸熱大於普遍的遺體，遺體燃著後參與燃燒也不及普遍遺體，所以造成爐膛的溫度偏低，這主要是遺體的原因所造成 ，並不是設備的原因或操作的原因。這種情況，採取強化燃燒的同時，注意不要使爐膛的負壓太大。

(四)遺體焚化過慢的原因及解決辦法

通常的情況是：瘦的遺體比胖的遺體難燒；冷凍遺體、肝腹水遺體比普通遺體難燒；體力勞動者遺體比腦力勞動者遺體難燒；老年遺體比中青年遺體難燒。這是所講的「難燒」是指焚化時間要長些。

1.如果屬於特殊遺體（乾瘦遺體、水分過多的遺體或冰凍過久的遺體都屬於特殊遺體），遇到這種情況，則應加大燃料和助氧風的供量，強化燃燒，加速焚化的進度。
2.因燃燒室出現正壓而造成燃燒緩慢，則應升高煙道閘板，直到出現負壓或控制引風機的轉速，並注意燃料和助氧風的配比。
3.如果是由於爐門無法關緊或砌體損壞漏氣的原因，則要檢修爐門滑道和執行機構，修復砌體。
4.如果是火焰暗紅、溫度下降，則必須確保足夠的空氣過剩係數。
5.如果是操作不當，則應按前面章節所講的操作方法操作。

(五)出現爐門過熱或煙罩過熱的原因及解決辦法

1.如果是爐門關閉不嚴、出現漏煙、串火造成的。臨時措施是提升煙道閘板，增大爐膛內的負壓，焚屍結束後，要查出原因，即時進行檢修。
2.如果是燃爆等原因造成的爐門滑道的變形，則應將滑道修好，使爐門復位。如果損壞嚴重，則應更換。
3.如果是因燃爆使煙口鬆跨或部分塌落，則應該停爐清理、修復。

(六)爐體多處冒煙的原因及解決辦法

1.如果是燃燒室壓力達到控制失效造成的，先要查出控制失效的原因，才能採取相應的辦法。如果是煙道閘板升降不靈活，則很可能是煙道有塌陷或堵塞的情況，對於這種情況，應清除煙道的異物並進行修復或更換。如果是滑道變形造成煙道閘板升降不靈活，則要進行校正或修復。

2.如果是抽力不足造成，則要查出引風機或高煙囪的自然抽力不足的原因。上排煙道常用的辦法是捉漏，如透過捉漏的辦法仍不能解決問題，則要檢查煙氣處理裝置是否有故障產生的陰力過大，或者是活性碳受潮濕形成阻力過大。如果是上述原因都不存在，則要考慮更換功率更大的引風機。下排煙道常用的辦法是清除積灰、更換和修復塌陷。

3.如果中砌體有裂縫或是外殼有破損，就必須停爐進行檢修。

4.如果是供風量過大造成的，則應恢復合理的空氣過剩係數。

5.如果是煙道積灰過多或需要更換，則應停爐檢修。

6.如果是煙道積水，減少了煙氣通過的面積，影響了煙氣的暢通，則應即時排除煙道中的積水。

(七)燃燒器不能點燃或點燃後不能穩定燃燒的原因及解決辦法

1.如果是燃油中有水，則應清除水分。

2.如果是可燃氣體的壓力不夠，則應使可燃氣體的壓力達到設備的工況要求。

3.如果是燃料管道堵塞，則應排除堵塞。

4.如果是噴嘴、針閥、儲油器、電磁閥堵塞，則應排除堵塞物或更換。

5.如果是常溫過低，燃油凝結，則應改用適合的低氣溫的燃油。

6.如果是燃燒器噴嘴霧化效果不好，則應檢修或更換。

(八)燃燒過程中，火焰中斷（突然熄火）的原因及解決辦法

1.油路堵塞、控制閥失靈或堵塞、儲油器堵塞，則應檢查供油系統

和零件，能修理的則進行修理，不能進行修理的則要即時進行更換。

2.油罐缺油，則要使油罐中保持應有的油量。

(九)鼓風機在運動過程中出現聲音異常和異常的振動的原因及解決辦法

1.軸承損壞、軸承流動體或保持架被磨損。這種情況一旦出現，必須即時更換，不能帶「病」運行。

2.軸承發生乾磨現象，則要加注符合要求的潤滑油。

3.鼓風機葉片品質差或葉片鬆動、平衡不好，出現週期性振動，發生節奏性聲。這種情況，要立即停機檢修。

(十)風壓不夠的原因及解決辦法

1.鼓風機的進口處吸附了異物，堵塞了進風口，導致進風口截面積變小而造成壓力不夠，這時即時清除吸附物即可。

2.葉片鬆動，緊固失靈，即時檢修。

3.管道漏風，要即時捉漏。

4.閥門失靈，即時檢修或更換。

5.風口堵塞，即時清除。

(十一)各風管、風路的風壓、風量不足的原因及解決辦法

1.如果是鼓風機故障，要即時進行修理。

2.風路、控制閥損壞或漏風，必須檢查修理或更換零件。

3.各管道有堵塞或破裂情況，應即時清除堵塞或更換破裂風路。

(十二)供風管不供風的原因及解決辦法

1.風閥堵塞，要即時檢查修復。

2.爐內風管出口被異物堵塞，要即時清除，保持其暢通。
3.鼓風機故障，要即時檢查修復。

(十三)入屍時爐膛供風口不停風的原因及解決辦法

1.主風管電磁閥失靈，要即時查明，進行修理或更換。
2.手動閥門失靈，要即時進行修理。

(十四)送屍車緊滯或定位不正確的原因及解決辦法

1.運行件不光滑而影響動作或車體變形或卡鎖磨損嚴重所致。這種情況，要即時校正變形部位，磨去毛刺，加潤滑油，檢修或更換卡鎖彈簧。
2.皮帶或鏈條過鬆，致使皮帶或齒輪空轉打滑。這種情況，應換皮帶或調整間距，緊固鏈條。

(十五)電機過熱的原因及解決辦法

1.隔熱保護原件失靈，需檢查更換。
2.電機軸承損壞，更換軸承。
3.如伴有焦臭味，則說明線圈燒壞，需要更換線圈或重繞線圈。

(十六)排煙風閥或小油嘴啓動、停止時間不準確的原因及解決辦法

1.由於時間繼電器計時不準確，需進行調整、修理或更換。
2.繼電器的接觸失靈，需進行修理或更換。
3.接頭鬆動，需進行緊固。

(十七)電動爐門或煙道閘板提升時自動滑落的原因及解決辦法

1.電機剎車環過鬆所致。發生這種情況應即時停機進行檢查，打開

電機蓋後，將刹車環調整到合適的位置。

2.爐門配重太輕，應將配重加到合適的重量。

(十八)遺體入爐時，爐前冒出大量黑煙的原因及解決辦法

1.排煙蝶閥沒有打開所致。檢查蝶閥是否失靈或卡死，如是此原因所致，則應即時進行修復更換。

2.排煙管道或爐膛出煙口堵塞所致。這種情況要即時進行清理排除，使煙道暢通。

3.蝶閥位置不正確所致。重新調整蝶閥的翻板位置，並將蝶閥的開合位置調整到能全開、全閉的位置。

4.燃燒室負壓太小。增大負壓，進屍時負壓可調整至-100Pa。

(十九)機械、電器動作不靈活的原因及解決辦法

1.電氣線路故障所致。檢查並排除線路故障。

2.機械故障所致。檢查並排除故障。

(二十)電除塵器的電壓升不到額定的要求的原因及解決辦法

1.陰極振打絕緣板積灰產生爬電現象。這種情況，用乾布擦淨、擦乾絕緣板。

2.終端接線盒積灰、受潮。擦乾、擦淨管線設備。

3.變壓器瓷瓶積灰或受潮。擦乾、擦淨。試擦時要先斷電源。

4.陽極板或陰極板變形，造成間距不均勻所致。這種情況應停機校正，並找出導致陽極板和陰極板變形的原因。

5.高壓矽整流出了故障或集成線路板出了故障。這種情況，操作人員不要拆修，要即時與生產廠家進行聯繫，由生產廠家派人進行修理。

(二十一)引風機引力不足的原因及解決辦法

1.煙道及煙氣處理裝置的漏氣率大。進行捉漏處理，減少漏風率。
2.除臭器活性碳層受潮使阻力增大所致。這種情況要曬乾活性碳；如活性碳受潮濕嚴重，已呈泥狀，則要更換活性碳。
3.引風機葉片鬆動或變形。出現這種情況要停機進行檢修。
4.煙道、管道、各煙氣處理裝置的聯接處有積灰或異物所致。要即時進行清理。

(二十二)全自動控制系統失靈的原因及解決辦法

1.沒有啓動，因爲沒有接到信號，這種情況要停機進行檢修。
2.啓動過程中程序中斷，因爲沒有接到信號。遇到這種情況，爲了使殯儀館的服務不中斷，可先一方面改爲手動操作，另一方面與生產廠家進行聯繫，由生產廠家派專人進行修理。
3.因無空氣壓力信號而鎖停。因火焰線路程序失常而鎖停，由於意外、漏油等情況而造成火焰中斷、紫外線光管失靈等鎖停。這些情況，均需生產廠家派專人進行檢修。
4.電腦積體電路板、類比板或數位板出了故障。進行更換。自動控制系統出了故障後，如要保證殯儀館的正常工作，可先切換成手動操作，待自動控制系統修復後，才能切換成自動操作。數顯控制板在不合規範的操作情況下，它將不能接受正確的指令。
5.如是電源出了問題，即時查明原因，進行排除。

值得注意的是，如果火化設備出了問題，殯儀館能進行處理、修復的，則可自行處理；自己處理不了的，切不可亂拆亂動，否則將會人爲的將故障擴大，此時應即時與生產廠家進行聯繫，由生產廠家派專人進行修復。

表8-2　火化機常見故障產生的原因及解決辦法簡表

序號	故障現象	產生原因	解決方法
1	點火時不能引燃或火焰時斷時續	1.油路堵塞	1.清洗油路
		2.油冷凍凝固	2.油管加熱，選用適應低溫的燃油
		3.油中有水或空氣	3.鬆動噴油嘴管接頭，排除污水或空氣
		4.排煙道不暢通	4.清除煙道塵灰，如煙道積水應排除
		5.油針堵塞	5.排除堵塞或更換
		6.風、燃料比不恰當	6.調整風、燃料比
		7.引風量過大	7.調整煙閘啓閉程度
		8.自動燃燒器有故障	8.按產品說明書檢查排除
		9.自動燒嘴點著後立即熄火	9.檢查火焰推測器
2	爐溫過高	1.燃料供量大	1.減少或停止供燃料
		2.溫度表失靈	2.檢修或更換
		3.熱電偶損壞	3.檢修或更換
		4.儀表假象	4.調整探頭位置
3	爐體逸出黑煙	1.正壓燃燒	1.提高煙閘開啓度
		2.爐門未關嚴	2.關嚴爐門
		3.排煙不暢	3.清除堵塞
5	鼓風機有異聲	1.進風口堵塞	1.清除進風口雜物
		2.葉片鬆動	2.停機檢修
		3.吸入雜物	3.清除雜物
		4.葉片變形	4.更換
		5.軸承損壞	5.更換
		6.軸承座鬆動	6.緊固
		7.軸承缺油	7.注油
6	風量、風壓不足	1.鼓風機故障	1.檢修鼓風機
		2.預熱風器損壞	2.檢修預熱風器
		3.球閥損壞	3.修復或更換
		4.風管接頭漏風	4.檢修風管接頭
		5.風管破裂	5.更換
		6.風管堵塞	6.清除堵塞物
7	電機過熱	1.電源、電壓值不正常	1.檢查電源、電壓，使之符合要求
		2.電機受潮	2.拆修烘乾
		3.工作機組、設備有故障	3.檢查修理工作機組、設備
		4.軸承損壞、缺油	4.加油或更換
		5.負荷過大	5.查明原因並解決

（續）表8-2　火化機常見故障產生的原因及解決辦法簡表

序號	故障現象	產生原因	解決方法
8	遺體焚化過慢	1.遺體水分過多	1.保持規定最高爐溫
		2.遺體乾瘦	2.保持規定最高爐溫
		3.冷藏過久	3.保持規定最高爐溫
9	前爐門外及排罩過熱	1.內爐門未關嚴	1.調整爐門軌道，設法關嚴
		2.因燃爆使爐前部震壞	2.翻修一次並調整各部
		3.前立架回煙道堵塞	3.檢查並排除各煙道口障礙物
10	進屍時大量煙從煙道中逸出爐體	1.忘了開煙閘	1.開啓
		2.鼓風機故障	2.檢修好鼓風機
		3.爐溫過高	3.暫停或減少供應燃料，少供風
		4.燃料關閉	4.打開燃料閥
		5.高溫缺氧	5.少供燃料，確保供氧
		6.引風機故障	6.檢修引風機
11	油閥漏油	1.練口漏油	1.調整、擰緊
		2.閥體處溢油	2.如有砂孔則更換
		3.閥軸漏油	3.調整或更換
12	引射效果差	1.煙道不暢通	1.清除堵塞物，修復斷裂、塌落
		2.引風機故障	2.檢修
13	電除塵器電壓升不高	1.陰極振打絕緣板爬電	1.擦乾水分、擦淨積灰
		2.終端接線盒積灰、潮濕	2.擦乾、擦淨
		3.變壓器瓷件積灰、潮濕	3.擦乾、擦淨
		4.極板變形、間距不均勻	4.停機檢修
		5.集成電路短路	5.更換
14	電機發出隆隆響聲	1.兩相電	1.接通三相電
		2.負荷重或卡死	2.停機檢修
		3.電機內斷線	3.停機檢修

以上故障現象，只是火化設備的故障現象的一部分，火化設備的故障處理，還是要根據操作人員在實際中進行適當的處理。總的說來，只有不斷地在實際中進行摸索、研究，才能靈活地處理各種故障問題。

第九章

火化過程的節能與環保

本章重點

1.瞭解火化設備實施節能減排的意義

2.瞭解火化機常見的節能技術

3.瞭解火化設備實施環保的意義及措施

近年來，隨著以氣溫升高爲主要特徵的全球氣候變化，使得地球環境日益惡化，也對人類生存和發展帶來了嚴峻挑戰。二〇〇六年，英國《衛報》刊登的升溫危示：氣溫升高2℃會使世界15～40%的物種滅絕，升高4℃會嚴重影響世界糧食產量。中國是《聯合國氣候變化框架公約》和《東京議定書》的締約國，具有保護全球氣候的義務。目前殯葬行業已進入到一個轉型期，殯葬改革著眼於促進經濟社會可持續發展，堅持宣導綠色低碳、生態文明的葬式葬法，

綠色殯葬是全新的殯葬理念，它是一種科學的殯葬方式，同時也是一項系統工程。綠色殯葬就是指充分運用先進科學技術、先進設施設備和先進管理理念，以促進殯葬安全、生態安全、資源安全和提高殯葬綜合效益的協調統一爲目標，以宣導殯葬標準化爲手段，推動人類社會協調、可持續發展的殯葬模式。綠色殯葬主張「回歸自然」，透過建設和改造生態人文化的殯儀館、節能環保的火化設備、生態藝術化陵園、生態葬式等措施，實現傳承殯葬文化、提升服務品質、節約土地和費用、控制汙染和減少資源損耗等，爲人們提供一個生態、文明、綠色的殯葬環境，實現人與自然和諧統一。

研究與實踐綠色殯葬，必將推動社會文明的進步，也符合殯葬行業的發展，同時也滿足了人們對殯葬活動更高層次的要求，是利國利民的大好事，因此，積極開展對火化設備的節能環保研究，對加快推進綠色殯葬事業改革步伐，提升殯葬行業整體形象和服務社會能級，有著十分重要的意義。

第一節　節能與減排

一、節能與減排的重要性和必要性

節能減排指的是減少能源浪費和降低廢氣排放。

隨著經濟快速增長，各項建設取得巨大成就，但也付出了巨大的資源和環境代價，經濟發展與資源環境的矛盾日趨尖銳，人們對環境汙染問題的反映日益強烈。這種狀況與經濟結構不合理、增長方式粗放直接相關。不加快調整經濟結構、轉變增長方式，資源支撐不住，環境容納不下，社會承受不起，經濟發展難以爲繼。只有堅持節約發展、清潔發展、安全發展，才能實現經濟又好又快發展。同時，溫室氣體排放引起全球氣候變暖，備受國際社會廣泛關注。進一步加強節能減排工作，也是應對全球氣候變化的迫切需要，是社會應該承擔的責任和義務。

「節能減排」直接與火化有著不可分的關係。遺體火化耗油量和耗電量都比較大，只要努力、創新，對現有設備進行一些簡單易行的改變，就可以減少能源的消耗。還可以根據不同的環境、地點及不同操作人員的技術條件，進行適當的調節，完全可以獲得明顯的節油、減排效果。

二、火化機節能減排的措施

(一)燃料選用原則

從節能和經濟效益爲出發點，綜合考慮環境效益，最佳選擇是氣體燃料，其次是液體燃料，最後是固體燃料。氣體燃料屬於清潔能源，其成分簡單，燃燒過程中產生的汙染物質少，操作時簡單，節省電能。如果受到各種條件限制不能使用氣體燃料，可選用輕柴油等液體燃料。

(二)燃料加工處理

爲了促使重柴油的燃燒，減少不完全燃燒的損失，可在重柴油中添加分散劑、降凝劑、燃燒促進劑等，進而促進燃燒完全，達到節能目的。

(三)燃油攙水技術

燃油中混入游離狀態的水分會造成燃燒不穩定，但當水分以極小微粒與油均勻混合，使油成「乳化」狀態時，水分對燃燒不但無不良影響，而且可以改善燃燒狀況，有利於消除黑煙，減少不完全燃燒，從而降低油耗。

(四)改進燃燒器的節能措施

更換性能更好的燃燒器，使燃燒空氣係數更小；更換磨損較大、已影響燃燒的零件；使用節能型燃燒器，如自預熱式燃燒器、平火焰燃燒器、高速燃燒器。

(五)鼓風機和引風機的選用

從節能的原則出發，鼓風、引風機的選用應遵循：按需要選型，風壓風量不宜過高，選用效率較高的節能風機。

(六)改進爐體結構

爐膛的熱交換效率越高，節能效果越好。節能爐型有幾個特點：熱

交換進行充分，排煙溫度低，加熱速度快，密閉效果好，熱損失小。這對爐膛結構的合理性設計提出更高的要求。

(七)爐氣再循環的爐膛結構

係指用大量爐氣「中和」焰流溫度的結構，可減少過量空氣的進入量，節省用於加熱過量空氣的熱量，從而降低能耗，達到節能目的。

(八)強制循環

如果能最大限度地使爐氣回流，那麼只投入少量的燃燒熱焰流溫度，則可達到燃料量和排煙量都最少的目的。採用集中燃燒和動力強制爐氣循環結構，完全可以達到理想的耗能目的。

(九)餘熱回收

煙氣的餘熱回收在節能措施中占有非常重要的地位。回收利用方式主要有兩種：一是利用煙氣餘熱預熱助燃空氣或燃料自用；二是利用餘熱生產蒸汽或電能。回收自用又分爲換熱器回收和蓄熱室回收兩種方式。

(十)提高火化師的操作水準

這是最重要的節能因素，不同的操作人員，其技術水準、技術能力、責任心都大不相同，收到的節能效果、環保效果都會大不相同。因此，努力提高火化師的職業道德水準、工作責任心和操作技術水準，對節能減排工作的成敗至關重要。

第二節　火化與環保

環境保護問題已經被列人世界公認的急需關注和重點解決的問題之一，也是面臨的一個危機之一。如果這個問題解決不好，人類將毀滅大自然，也將毀滅人類自己。

遺體火化，包括遺體、火化燃料、隨葬品及遺物祭品等在燃燒過程中，不但可以產生一定量的煙塵、硫氧化物、氮氧化物、一氧化碳及二噁英類等有毒有害物質，還會產生少量氨氣、硫化氫、硫醇、硫醚等惡臭氣體，對火葬場及其周邊環境造成危害。其中二噁英類和重金屬汞汙染，因其劇毒性、遷移性和持久性，而引起了世界各國的高度重視。遺體火化時產生的汙染，如果不引起重視，無論對當代和未來的環境都將造成嚴重的汙染。

目前，占據中國火化機市場份額的產品基本上以中國國內製造爲主，目前中國各火葬場（殯儀館）在用的火化機和遺物祭品焚燒爐很少配備有效的煙氣淨化設備，即被動減排措施，少數火葬場（殯儀館）配備了煙氣淨化裝置的設備，實際使用率和減排效果也不盡相同。

一、火化過程中產生的汙染廢棄物

遺體火化過程中，由於涉及遺體、火化燃料、隨葬品及遺物祭品等燃燒，其將產生氣體、液體和固體等物質的汙染，具體情況如下：

(一)火化過程中產生的氣體汙染物

遺體火化過程中，在燃燒完全時，會產生下列物質：二氧化碳（CO_2）、二氧化硫（SO_2）、二氧化氮（NO_2）燃燒不完全時，會產生

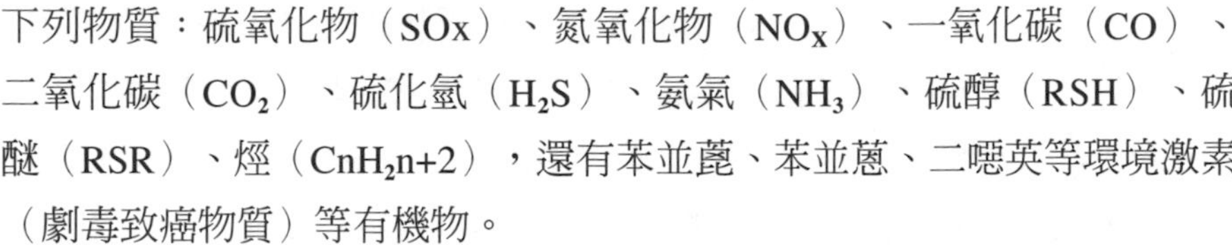
下列物質：硫氧化物（SOx）、氮氧化物（NO_X）、一氧化碳（CO）、二氧化碳（CO_2）、硫化氫（H_2S）、氨氣（NH_3）、硫醇（RSH）、硫醚（RSR）、烴（CnH_2n+2），還有苯並芘、苯並蒽、二噁英等環境激素（劇毒致癌物質）等有機物。

(二)煙氣中的顆粒汙染物

未燃盡的碳粒灰分，其中含有CaO、FeO、MgO等物質。

(三)骨灰中的重金屬氧化物

銅（CuO）、鐵（Fe_2O_3）、鎳（NiO）、鈣（CaO）、鉛（PbO）等重金屬氧化物。

(四)火化過程中產生的液體汙染物

火化過程中流出的脂肪溶化液體，可能存在二噁英等致癌物 。

二、處理火化汙染廢棄物的措施

(一)防止黑煙，減少汙染的措施

1.改善燃燒狀況，體現3T理論，遺體火化過程中，始終控制好溫度、時間和火焰湍流程度，是決定燃燒狀況的關鍵因素。

2.改進爐體結構、燃燒器的火燃長度、霧化和湍流效果：改進爐體結構，延長煙氣在爐內的滯留時間；改進燃燒器的結構和性能，使其能夠：提高燃料的霧化效果；火焰長度能夠達到有效燃燒的部位；增加火焰湍流程度。

3.燃燒室內始終保持微負壓：剛進入遺體時負壓可大一些，-20Pa爲

宜；正常燃燒時，以-5～10Pa爲宜；取骨灰時，以-15Pa爲宜。

4.煙道砌體的合理結構與容積的大小：可適當延長煙氣在燃燒系統中的滯留時間，使主燃燒室與再燃燒室中未燃盡的物質（主要是煙氣汙染物）得到進一步的燃燒與分解。

5.足夠的空氣過剩係數，合理的空燃比：足夠的空氣過剩係數，合理的空燃比可達到理想的燃燒狀況，防止或減少汙染物的產生。空氣過剩係數要適中，過大或過小都會產生汙染物，如空氣過剩係數小於1時，煙氣中產生較多的H_2S、SO_2；而空氣過剩係數大於1時，大部分是SO_2。但對NO_X而言，空氣過剩係數越大，NO_X的生成量越大。輕柴油火化機的空氣過剩係數以1.26爲宜。

(二)氣體汙染物的處理方法

■完全燃燒法

一般採用的方法：提高爐溫800～900 ℃；採用過量的空氣係數及合適的空燃比，盡可能地達到完全燃燒；開啓二次燃燒，可除去黑煙、飛灰、氮氧化物、硫氧化物、氨氣、硫化氫、硫醇、硫醚、苯乙烯等主要汙染物；當爐溫升至1100℃以上，二噁英類汙染物接近完全分解。但是爐溫超過900℃以上，長期如此，將嚴重損毀爐膛結構。

■尾氣後處理法

一般採用的方法：鹼液吸收法，主要處理硫氧化物和氮氧化物；靜電除塵法，主要處理祛除黑煙、飛灰和懸浮顆粒（金屬氧化物等）；旋風分離法，主要處理黑煙、飛灰和懸浮顆粒；綜合處理法，綜合利用熱交換、鹼液吸收、活性炭吸附等，可有效祛除各種汙染物。

(三)液體汙染物的處理方法

對於遺體處理過程中的汙血、體液、排出物；肥胖遺體流出的脂肪溶化物（可能含有劇毒致癌物二噁英等環境激素）必須妥善處理。注意：切不可直接排入下水道，或暴露於空氣中，以免造成大面積的汙染。

(四)固體汙染物的處理方法

煙氣中的顆粒汙染物：未燃盡的碳粒灰分含有CaO、FeO、MgO；骨灰中的重金屬氧化物：銅（CuO）、鐵（Fe_2O_3）、鎳（NiO）、鈣（CaO）、鉛（PbO）等重金屬氧化物。這些汙染物必須集中起來，在指定的安全地點填埋。切記：這些汙染物切不可長期暴露在露天環境下，任其風吹雨淋，造成地上環境和地下水汙染。

第十章

火化區和火化機安全知識

本章重點

1.瞭解火化設備實施節能減排的意義

2.瞭解火化機常見的節能技術

3.瞭解火化設備實施環保的意義及措施

4.掌握火化設備汙染防治的一般原理與措施

安全，顧名思義就是沒有危險、不出事故。安全生產則是指在勞動生產過程中不出現危及人身、設備、公共安全的事故。人的一生主要是在生產勞動中度過的，搞好安全生產，保障廣大殯葬職工的生命財產安全，這是殯葬事業單位和國家經濟建設順利發展的前提，也是社會穩定、人民生活幸福的保障。

中國大陸的《安全生產法》明確規定：安全生產管理，堅持安全第一，預防爲主的方針。這就明確了安全生產的兩項原則，一是安全第一，二是預防爲主。這是人類透過長期的生產、生活實踐，總結無數次血的教訓得出的。堅持安全第一的原則，首先要對安全生產的重要性有正確的認識，明確安全生產爲什麼一定要擺在各項工作之首，擺正安全與生產、安全與經濟、安全與效益、安全與穩定的關係。落實安全生產責任制，每個職工都應自覺遵章守紀，堅決禁止三違現象（違章指揮、違規作業、違反勞動紀律），出了事故依據四不放過原則（事故原因未查清不放過，責任人員未處理不放過，責任人和群衆未受教育不放過，整改措施未落實不放過）處理，在具體的生產活動中把安全工作擺在首位，做到不安全不生產，先安全後生產。預防爲主就是把安全生產的重點放到預防事故發生上，預防事故減少和杜絕人員傷亡和財產損失是安全工作的宗旨。凡事豫則立，不豫則廢，所以在從事任何工作之前，都要預先考慮可能會出現哪些問題，會發生什麼樣的事故，應採取什麼防範措施，一旦出現險情應如何處理，只有預先對事故進行防範，才能避免事故的發生，達到安全生產的目的。

第一節　火化區及火化機的安全防護

遺體火化師主要的工作場所在火化區，火化區裏的電氣線路、燃油燃氣管路以及火化機的儲油罐都是具有安全隱患的場所。火化機是遺體火化師的主要操作設備，多以燃油燃氣爲能源，是一種高溫燃燒設備，

雖不同於鍋爐等壓力設備，也時常有火化機爆炸崩爐的報導。所以做一個合格的遺體火化師，必須有良好的安全意識，並落實到每項工作中去。

一、火化機的防爆知識

火化機是高溫燃燒設備，以燃料油或燃氣爲能源，燃燒室正常的工作條件是工作溫度在600℃～1000℃，主燃室、再燃室壓力爲-5～-30Pa，每小時產生的高溫煙氣量在5000m^{3}以上，煙氣在再燃室出口可達600℃，在運行過程中，煙氣排放系統必須即時將燃燒室產生的煙氣排出去。維持爐內微負壓燃燒，超高溫火化（爐溫達到1000℃以上）、煙道閘板故障、引風機故障、壓力控制儀表故障、誤操作等均可使爐內工作壓力變成正壓，引起煙氣、火焰外溢，如不即時處理，極易引起爆炸（崩爐）事故，雖不像鍋爐爆炸那樣破壞力巨大，一般也會造成爐膛崩塌，燒毀電氣、油路，甚至造成人身傷害事故。

火化機在設計時，爐體頂部應留有泄壓口，有些火化機生產廠家安全意識淡薄，存有僥倖心理，在設計製造過程中就沒有考慮泄壓問題，有些是由於安裝人員不按圖紙施工，爲趕工期縮短工時，疏忽或有意取消了泄壓口，也有的是火化場自行大修爐體，對這一問題不清楚盲目改動原設計，造成泄壓措施不靈。

火化機連續火化，致使爐內溫度過高，達到1000℃以上，耐火材料軟化，強度大大降低，在這種情況下，由於控制系統的原因或操作失誤等造成爐內正壓，很容易引起操作爐門竄火和爐體磚結構崩塌事故。

火化機在運行過程中，如果煙道閘板出現故障而關閉，使排煙通道不暢，那麼在幾十秒或幾分鐘的時間內就會出現煙氣外溢、竄火，如不即時處理就可能引起爆炸。另外引風機停機、壓力控制儀表失靈等原因，都有可能引起火化機爐內壓力過高而造成爆炸，所以操作人員應隨時觀察各儀表的指示情況，控制好火化機的燃燒工況，絕對不能離開操作崗位。

二、火化區及火化機的安全防火常識

火化區是進行火化業務的核心部門，所使用的火化機是高溫焚燒設備，配套的燃料儲存設備、電氣設備以及油汽管路、電氣線路等等都是容易發生火災的高危部位，遺體火化師必須具備安全防火意識，樹立「預防爲主，防消結合」的方針，落實防火安全責任制，切實做好安全防火工作。

火化區要建立消防組織，設專人負責消防安全工作，認眞貫徹有關消防安全法規和規章制度，把消防安全工作納入到日常工作中去，檢查消防安全，整改火災隱患，配備消防器材，制定消防安全制度，做好消防設施的維護管理工作。

火化區的消防安全制度應包括：消防安全教育、防火檢查、消防設施、器材維護管理、火災隱患整改、用火、用電以及燃油燃氣和電氣設備的安全管理，易燃易爆危險物品使用管理、義務消防隊的組織管理等。

火化區應設置消防給水滅火設施，排煙和通風及空調系統應有防火措施，火化區內應設消防電源及其配電設備，應有火災緊急照明燈、緊急疏散指示標誌，應配置滅火器等消防設備。

裝卸燃料油必須在火化區邊緣或者相對獨立的安全地帶，燃料的儲存設備應當設置在合理的位置，符合防火防爆要求。

對新進的遺體火化師，應進行就任前的消防安全培訓，掌握防火滅火及自救逃生知識，達到三懂三會：懂得工作操作過程中發生火災的危險性；懂得消防安全操作規程；懂得火災的預防措施，會報火警，會使用消防設施和滅火器材，會撲救初起火災。

掌握常用的滅火方法：冷卻法、窒息法、隔離法、抑制法。

冷卻法是根據可燃物質發生燃燒時，必須達到一定的溫度這個條件，將滅火劑直接噴灑在燃燒著的物體上，使燃燒物質的溫度降低到燃

點以下，停止燃燒；用水進行冷卻滅火，這是撲滅火災的常用方法。

窒息法是根據可燃物質發生燃燒時，需要充足的空氣（氧）這個條件，採用防止空氣流入燃燒區，或用不燃物質沖淡空氣中氧的含量，使燃燒物質由於斷絕氧氣的助燃而熄滅。

隔離法是根據發生燃燒必須具備可燃物質這個條件，將燃燒物體與附近的可燃物質隔離或散開，使燃燒停止。這是比較常用的滅火方法。

抑制法是使用滅火劑干擾和抑制燃燒的鏈式反應，使燃燒過程中產生的游離基消失，形成穩定分子或低活性的游離基，從而使燃燒反應停止。

掌握常用滅火器的使用方法：泡沫滅火器用來撲救汽油、煤油、柴油和木材等引起的火災。其使用方法是：一手握提環、一手托底部，將滅火器顛倒過來搖晃幾下，泡沫就會噴射出來，注意滅火器不要對人噴，不要打開筒蓋，不要和水一起噴射。

乾粉滅火器是一種通用的滅火器材，用於撲救石油及其產品、可燃氣體、電器設施的初起火災。使用時一手握住噴嘴，對準火源，一手向上提起拉環，便會噴出濃雲般的粉霧，覆蓋燃燒區，將火撲滅。乾粉滅火器要注意防止受潮和日曬，嚴防漏氣，每半年檢查一次。每次使用後要重新裝粉、充氣。

1211滅火器是一種新型的壓力式氣體滅火器，其滅火劑滅火性能高，毒性低，腐蝕性小，不易變質，滅火後不留痕跡，用來撲滅油類、電器、精密儀器、儀表、圖書資料等火災。使用時首先拔掉安全插鞘，一手緊握壓把，一手將噴嘴對準火源的根部，壓杆即開啓，左右掃射，快速推進。1211滅火器要放在通風乾燥的地方，每半年檢查一次總重量，如果重量下降十分之一，就要灌裝充氣。四氯化碳滅火器主要用於撲救設備火災，千萬不要用於金屬鉀、鈉、鎂、鋁粉、電石引起的火災。

三、火化區及火化設備容易產生火災的部位及預防處理

火化區容易產生火災的部位主要有火化機、燃料管路、電氣線路、照明燈具等。火化機上的高位部位有兩部分，一是燃燒系統，二是電控系統。電控系統電氣線路和電動機的危險性最大。

(一)電動機發生火災的原因及預防

電動機發生火災的原因主要是選型、使用不當，或維修保養不良造成的，有些電動機品質差，內部存在隱患，在運行中極易發生故障，引起火災。電動機的主要起火部位是繞組、引線、鐵芯、電刷和軸承。多是因爲超載、絕緣損壞、接觸不良、單相運行、機械摩擦、接地裝置不良等。

電動機發生超載，會引起繞組過熱，甚至燒毀電動機，或引燃周圍可燃物，造成火災。

電動機如果導線絕緣損壞，就會造成匝間短路或相間短路；如繞組與機殼間絕緣損壞，還會造成對地短路，發生短路起火。電動機連接線圈的各個接點如有鬆動，接觸電阻就增大，通過電流時就會發熱，接點越熱，氧化越迅速，接觸電阻也就越大，如此反覆循環，最後將該點燒毀，產生電火花、電弧，或損壞周圍導線的絕緣，造成短路，引起火災。

火化機、鼓風機、引風機等三相異步電動機在一相不通電的情況下仍繼續運行，危害極大，輕則燒毀電動機，重則引起火災。電動機在旋轉過程中存在著摩擦，其中最突出的是軸承摩擦。軸承磨損後會發出不正常聲音，還會出現局部過熱現象，使潤滑油變稀而溢出軸承室，溫度就會更高。當溫度達到一定值時會引燃周圍可燃物，造成火災。有時軸承球體被碾碎，電動機轉軸被卡住，燒毀電動機引起火災。另外當電動機繞組對機殼發生短路時，如無可靠的保護接地，那麼機殼就帶電，萬一不慎觸及機殼時，就會引起觸電事故。如果機殼周圍堆有其他雜亂的易燃物質，電流就會由機殼通過這些物質流入大地，時間一長也會逐漸發熱，有引起火災的可能。

預防電動機火災的主要措施是選對電動機的結構形式和容量；選擇好導線截面、保險絲和開關；安裝接線正確，經常進行維修保養，防止過負荷和二相運行等；周圍不要堆放易燃、可燃物質。

(二)電氣線路電動機發生火災的原因及預防

電氣線路發生火災，主要是由於線路的短路、超載或接觸電阻過大等原因，產生電火花、電弧或引起電線、電纜過熱，從而造成火災。電氣線路發生短路的主要原因有線路年久失修，絕緣層陳舊老化或受損，使線芯裸露。電源過電壓，使電線絕緣被擊穿。安裝、修理人員接錯線路，或帶電作業時造成人爲碰線短路。電線機械強度不夠，導致電線斷落接觸大地，或斷落在另一根電線上。防止短路的措施，導線與導線、牆壁、頂棚、金屬構件之間，以及固定導線的絕緣子、瓷瓶之間，應有一定的距離。距地面兩公尺以及穿過牆壁的導線，均應有保護絕緣的措施，以防損傷。絕緣導線切忌用鐵絲捆紮和鐵釘搭掛。安裝相應的保險器或自動開關。電氣線路流過的電流超過安全電流值，會使線路溫度升高，一般導線的最高允許工作溫度爲65℃，溫度超過這個溫度值，會使絕緣加速老化甚至損壞，引起短路火災事故。

發生超載的主要原因是導線截面積選擇不當，實際負載超過了導線的安全載流量；或者在線路中接入了過多或功率過大的電氣設備，超過了配電線路的負載能力。防止超載的措施是合理選用導線截面，切忌亂拉電線和過多的接入負載，定期檢查線路負載與設備增減情況，安裝相應的保險或自動開關。

電氣線路連接時連接不牢或其他原因，使接頭接觸不良，導致局部接觸電阻過大，產生高溫，使金屬變色甚至熔化，引起絕緣材料中可

燃物燃燒。發生接觸電阻過大的主要原因有安裝品質差，造成導線與導線、導線與電氣設備連接點連接不牢，導線的連接處沾有雜質，如氧化層、泥土、油汙等，連接點由於長期震動使接頭鬆動，銅鋁混接時，由於接頭處理不當，在電腐蝕作用下接觸電阻會很快增大。防止接觸電阻過大應儘量減少不必要的接頭，對於必不可少的接頭，必須緊密結合，牢固可靠；銅芯導線採用絞接時，應儘量再進行錫焊處理，一般應採用焊接和壓接；銅鋁相接應採用銅鋁接頭，並用壓接法連接；經常進行檢查測試，發現問題，即時處理。

(三)火化區照明器具發生火災的原因及預防

火化區常用白熾燈、螢光燈和高壓水銀燈照明，這些燈具如果使用不當都存在引起火災的危險性：白熾燈電流通過燈絲時，燈絲被加熱到白熾體，溫度高達2000～3000℃而發出光來。所以白熾燈泡表面的溫度很高，能烤燃接觸或臨近的可燃物質。經測量100W的燈泡表面溫度爲170～216℃，200W的可達154～296℃，有些品質差，散熱條件不好的燈泡，燈泡表面溫度會更高，可以引燃任何可燃物。

如果遇上電壓不穩，超過燈泡的額定電壓，大功率燈泡的玻璃受熱不均，水滴濺在燈泡上，都可以引起燈泡爆碎，高溫燈絲掉下來可以引起易燃、可燃物質燃燒。大燈泡安裝在非陶瓷燈座，很容易引起熔化短路起火。

螢光燈的火災危險主要是鎮流器發熱烤著可燃物。鎮流器由鐵芯和線圈組成，正常工作時，因其本身損耗而導致發熱，如製造粗劣，散熱條件不好或與燈管配套不合理，以及其他附件發生故障時，其內部溫升能破壞線圈的絕緣強度，形成匝間短路，產生高溫，引燃周圍可燃物造成火災。

高壓水銀燈表面溫度雖比白熾燈略低，但因常用的高壓水銀燈功率都比較大，不僅溫升的速度快，且發出的熱量仍然較大。如400W的高壓水銀燈，其表面溫度約爲180～250℃，它的火災危險性與功率200W的

白熾燈相仿，高壓水銀燈鎮流器的火災危險性與螢光燈鎮流器也大體相似。

常用燈具的防火措施除應根據環境場所的火災危險性來選擇不同類型的燈具外，還應符合下列防火要求：白熾燈、高壓水銀燈與可燃物、可燃結構之間的距離不應小於五十公分，嚴禁用紙、布或其他可燃物遮擋燈具。燈泡距地面高度一般不應低於兩公尺。如必須低於此高度時，應採取必要的防護措施。可能會遇到碰撞的場所，燈泡應有金屬或其他網罩防護。燈泡的正下方不宜堆放可燃物品。

某些特殊場所的照明燈具應有防濺設施，防止水滴濺射到高溫的燈泡表面，使燈泡炸裂。燈泡破碎後，應即時更換或將燈泡的金屬頭旋出，鎮流器與燈管的電壓與容量必須相同，配套使用。

照明供電系統包括照明總開關、熔斷器、照明線路、燈具開關、掛線盒、燈頭線（指掛線盒到燈座的一段導線）、燈座等。由於這些零件和導線的電壓等級及容量如選擇不當，都會因超過負荷、機械損壞等而導致火災的發生。因此，必須符合安全防火要求：即在火化區裏安裝使用的照明用燈開關、燈座、接線盒、插頭、按鈕以及照明配電箱等，其防火性能應符合國家標準要求。

火化區所用照明燈具安裝前，應對燈座、掛線盒、開關等零件進行認眞檢查，發現鬆動、損壞的要即時修復或更換。開關應裝在相線上，螺口燈座的螺口必須接在零線上。開關、插座、燈座的外殼均應完整無損，帶電部分不得裸露在外面。功率在150W以上的開啓式和100W以上其他類型燈具，不准使用塑膠燈座，而必須採用瓷質燈座。重量在一公斤以上的燈具（吸頂燈除外），應用金屬鏈吊裝或用其他金屬物支援（如採用鑄鐵底座和焊接鋼管），以防墜落。重量超過三公斤時，應固定在預埋的吊鉤或螺栓上。照明與動力如合用同一電源時，照明電源不應接在動力總開關之後，而應分別有各自的分支回路，所有照明線路均應有短路保護裝置。

火化區照明燈具數和負載量一般要求是：一個分支回路內燈具數不

應超過二十個（總負載在10A以下者，可增到二十五個）；照明電流量：民用不應大於15A，工業用不應大於20A。負載量應在嚴格計算後再確定導線規格，每一插座應以2～3A計入總負載量，持續電源應小於電線安全載流量。三相四線制照明電路，負載應均勻地分配在三相電源的各相，導線對地或線間絕緣電阻一般不應小於0.5MΩ。

四、易燃物品的使用與保管

在運輸、裝卸、使用、儲存、保管過程中，於一定條件下能引起燃燒的物品稱爲易燃品。火化機使用的燃料油、燃氣等就屬於易燃品，在日常工作中必須精心保管，規範操作。

火化區裏火化機的工作油箱應設置在獨立房間，火化區內的供油管路應和煙道、煙囪等保持一定的安全距離，沿爐體後立架內敷設的管路應做好隔熱保護。從地下油罐向火化機工作油箱儲油時，管路附近嚴禁明火操作。燃油一般由汽車油罐車運輸，油罐車在向地下儲油罐卸油時，是火災危險性很大的一個過程。卸油的方法，大多數是利用罐車與地下油罐的高位差，敞開自流卸油，也有少數用罐車的油泵卸油。不論採取何種方式卸油，都會有大量的油蒸氣從油罐的進油口、量油口和放散管等處逸出。這些油蒸氣容易與空氣形成爆炸混合物，遇到火源就會起火或爆炸，同時，在卸油過程中還容易產生靜電。因此卸油必須嚴格操作規程。

1.操作人員應掌握本崗位的操作技術和防火要求，精心操作，防止油品的滲漏、外溢、濺灑。

2.油罐車的排氣管應安裝火星熄滅器。在卸油時發動機應熄火，雷雨天停止卸油。

3.油罐車進站卸油時，其他車輛不准進出，停止加油，並要有專人監護，避免行人靠近。測量油量要在卸完油30分鐘以後進行，以防測油尺和油液面、油罐間的靜電放電。

4.在卸油前要檢查油罐的存油量，以防止卸油時冒頂跑油。卸油時嚴格控制流速，在油品沒有淹沒進油管口前，油的流速應控制在0.7~1m/s，以防止產生靜電。

5.在卸油時，油管應伸至離罐底不大於三十公分處，以防止進油時噴濺產生靜電。汽車油罐車必須保持有效長度的接地拖鏈，在裝卸油前，都要先接好靜電接地線，使用非導電膠管輸油時要用導線將膠管兩端的金屬法蘭進行跨接。

殯儀館的地下儲油罐大多為金屬材料建造，但也有用水泥磚砌或鋼筋水泥建造的油罐。按其結構形式可分為立式、臥式、圓柱形、球形、橢圓形等形式。地下儲油罐的位址宜選擇地勢較低的地帶，以防止儲罐發生火災時由於液體流淌而形成火災蔓延。與其他建、構築物的防火間距應大於十五公尺，與變配電站的防火間距應大於二十五公尺，以防火災時造成蔓延。

第二節　汙染治理

殯儀館一般基本上由四個部分組成，分為服務區、火化區、寄存區和焚燒區，此外還有辦公樓、職工食堂、鍋爐房等附屬設施。一般而言，在遺體焚化過程中，火化區的汙染強度是最大，主要包括：廢氣汙染、高溫、病菌傳播、噪音等，而火化區外部的汙染主要是廢氣汙染，來自於遺體焚化時火化機排放的煙氣和隨葬品焚燒時產生的煙氣。遺體焚化時產生的氣體汙染物質，其主要成分為煙塵、二氧化硫、氮氧化物、一氧化碳、硫化氫、氨氣、有機汙染物及惡臭等，而一般殯儀館的隨葬品焚燒區都設有用於焚燒死者遺物及殯葬用品的焚燒塔或焚燒室，但一般沒有鼓風或引風設施，而且焚燒的衣物大部分為化纖製品，所以燃燒極不充分，易產生大量的黑煙，最後全部為低空無組織排放，造成

局部地區空氣的嚴重汙染，因此火化的汙染防治包括火化區內部及火化區外部兩部分。

一、火化區內部的汙染防治

火化區內部的汙染主要包括：廢氣汙染、高溫、病菌傳播、噪音等，因此其防治方法主要有以下三個方面：

(一)火化區的通風

火化區是火化設備集中安放的場所，也是進行火化業務的專用空間，火化機在運行過程中，即使進屍爐門、操作爐門、燃燒器安裝口等部位密封得再好，也不可避免地會有煙氣和異味外溢到火化區，汙染火化區的空氣。同時由於火化機長時間高溫運行，使火化區的環境溫度大大超出正常水準，加之一些無包裝物的遺體運送和放置，造成致病菌的擴散傳播，致使火化區的空氣品質和工作環境都很差。爲了保證遺體火化師的身體健康，火化區必須定時打開門窗以通風換氣，通風的時間可根據室內溫度或空氣流通條件而定，夏季氣候炎熱、室溫高、空氣稀薄、對流差，應經常敞開門窗通風換氣。冬季氣候寒冷，室溫低，通常每日通風換氣兩次，每次一至兩小時，以清除污濁空氣，換進新鮮空氣。根據中國勞動保護部門的研究結果，工作場所每名操作人員所占容積小於二十立方公尺的火化區，應保證每人每小時不少於三十立方公尺的新鮮空氣量；如所占容積爲二十至四十立方公尺時，應保證每人每小時不少於二十立方公尺的新鮮空氣量；所占容積超過四十立方公尺時允許由門窗滲入的空氣來換氣。採用空氣調節的火化區，應保證每人每小時不少於三十立方公尺的新鮮空氣量。達不到上述通風換氣要求的火化區，應安裝強制排風的風機或窗式換氣扇，進行強制通風換氣，這樣可以降低火化區的環境溫度，減少室內空氣中的細菌密度，以保護遺體火化操作人員的健康。

(二)火化區的消毒

火化區每天都停放、處理大量遺體，而遺體的死亡原因非常複雜，其中有很大一部分是因各種疾病引起的。在遺體處理的過程中一些致病菌會傳播擴散，做好火化區的消毒滅菌十分重要。

按照中國大陸衛生部二〇〇三年頒布的《各種汙染物件的常用消毒方法（試行）》要求：火化區的地面、牆壁、門窗：用0.2～0.5 %過氧乙酸溶液或500～1000 mg/L二溴海因溶液或1000～2000 mg/L有效氯含氯消毒劑溶液噴霧。泥土牆吸液量爲50～300 ml/m^2，水泥牆、木板牆、石灰牆爲100 ml/m^2。對上述各種牆壁的噴灑消毒劑溶液不宜超過其吸液量。地面消毒先由外向內噴霧一次，噴藥量爲200～300 ml/m^2，待室內消毒完畢後，再由內向外重複噴霧一次。以上消毒處理，作用時間應不少於六十分鐘。

火化區的空氣可採用紫外線燈照射消毒，每天用紫外線燈照射兩至三次，每次三小時。每十五平方公尺面積安裝一支30W的紫外線燈；也可使用循環風紫外線空氣消毒器進行消毒（消毒環境中臭氧濃度應低於0.2 mg/m^3）。

還可以使用化學消毒劑噴霧消毒火化區空氣，具體做法是用0.5%的過氧乙酸氣溶膠噴霧消毒，用量爲20～30 ml/m^3，作用三十分鐘；或用含有效氯1500 mg/L的消毒劑氣溶膠噴霧，用量爲20～30 ml/m^3，作用三十分鐘。化學消毒劑消毒需在無人、相對密閉的環境中進行。嚴格按照消毒藥物使用濃度、使用量及消毒作用時間操作，才能保證消毒效果。每天應消毒一次，消毒時，要密閉門窗進行噴霧，噴霧完畢，作用時間充分後，方能開門窗通風。

遺體及隨葬品的消毒，遺體用0.5%過氧乙酸溶液噴灑，用布單嚴密包裹後儘快火化。隨葬品置環氧乙烷消毒櫃中，在溫度爲54℃，相對濕度爲80%條件下，用環氧乙烷氣體（800 mg/L）消毒四至六小時；或用高壓滅菌蒸汽進行消毒。

操作人員的手與皮膚，在每次接觸遺體後用0.5%碘伏溶液（含有效碘5000 mg/L）或0.5%氯己定醇溶液塗擦，作用一至三分鐘。也可用75%乙醇或0.1%苯紮溴銨溶液浸泡一至三分鐘。必要時，用0.2%過氧乙酸溶液浸泡，或用0.2%過氧乙酸棉球、紗布塊擦拭。

火化區裏的辦公用具，要定期用0.2～0.5%過氧乙酸溶液或1000～2000 mg/L有效氯含氯消毒劑進行浸泡、噴灑或擦洗消毒。

火化區裏運輸工具的內外表面和空間，可用0.5%過氧乙酸溶液或10000 mg/L有效氯含氯消毒劑溶液噴灑至表面濕潤，作用六十分鐘。密封空間，可用過氧乙酸溶液薰蒸消毒。對細菌繁殖體的汙染，可以用15%過氧乙酸消毒，用量爲7 ml/m^3，對密閉空間還可用2%過氧乙酸進行氣溶膠噴霧，用量爲8 ml/m^3，作用六十分鐘。

在對火化區消毒時應注意過氧乙酸、臭氧等消毒劑對物品都有不同程度的損壞，使用時濃度不宜過高、噴量不宜過大，必要時，消毒後應用清水擦洗。選用消毒劑進行空氣消毒時，最好選用專用氣溶膠空氣消毒器，常量噴霧器霧粒大，消毒劑在空氣中停留時間短，較難達到應有的消毒效果。用消毒劑進行空氣消毒時需關閉門窗，消毒人員應做好個人防護，如戴好口罩、眼鏡、手套等。消毒劑噴灑完畢應立即離開消毒場所，消毒完成後應先打開門窗通風，待消毒劑驅除後方可進入。

用紫外線照射消毒時，不能直接照射暴露皮膚，眼睛不能直視紫外線燈，以免對皮膚、眼睛造成傷害。

(三)火化區的噪音治理

火化區的噪音主要來自鼓風機、引風機的進風噪音，電動機、燃燒器的工作噪音，進屍車、進屍爐門等機械噪音等。

噪音對人的影響和危害是很大的，長期處於噪音環境中，會損傷聽力，造成噪音性耳聾；導致大腦皮層興奮和平衡失調，腦血管功能損害，導致神經衰弱；損傷心血管系統，引發消化系統失調，影響內分泌，導致各種疾病的發生。它還會干擾人的正常生活、休息、語言交談

和日常的工作學習，分散注意力，降低工作效率。

形成噪音汙染主要有三個因素：聲源、傳播媒介和接收體。只有這三者同時存在，才能對聽者形成干擾。從這三方面入手，透過降低聲源、限制噪音傳播、阻斷噪音的接收等手段，來達到控制噪音的目的，在具體的噪音控制技術上，可採用吸聲、隔聲和消聲三種措施。

隔聲所採用的方法是將噪音源封閉起來，使噪音控制在一個小的空間內，火化機的鼓風機和引風機噪音一般在90dB左右，採用封閉隔聲會導致散熱不良，電機溫度過高，甚至燒毀電機。現新建殯儀館大都採用風機節能降噪綜合治理方案，將鼓風機、引風機設置在具有隔聲作用的單獨風機室，用通風管將它們與火化機及引射器相連接，在風機室的牆面上開設進氣口，供風機室進風使用。在平面布置時將鼓風機、引風機靠近火化機一側，進風口在上風側，電機置於氣流通道中間。鍋爐運行時，由於鼓風機在隔聲風機室內產生負壓，大量的室外新鮮空氣就會自動進入隔聲室，首先和引風機電機進行熱交換，使之冷卻降溫，室內溫度保持50℃以下。該方法的降噪效果比較顯著，並且容易實現。

二、火化區外部的汙染防治

火化區外部的汙染主要是源自遺體焚化時火化機排放的煙氣和隨葬品焚燒時產生的煙氣等形成的廢氣汙染，因此，對於火化區外部的汙染防治的方法有以下兩個方面：

(一)安裝煙氣後處理系統

由於目前大多數殯儀館使用的火化設備都沒有安裝除塵、脫硫等煙氣處理設施設備，導致火化機產生的廢氣一般都是直接排放到外界空氣中，造成對周圍環境的汙染，因此，各殯儀館必須在火化機上安裝煙氣處理系統，才能有效解決火化機廢氣汙染的問題，同時，國家環保部

門必須訂出相應的火葬場汙染物排放標準，從制度上來限制汙染物的排放。

(二)配置帶有廢氣處理的專門遺物焚燒爐或焚燒室

目前，一般殯儀館都設置了專門焚燒遺物的焚燒爐或焚燒室，但因爲這些設施設備結構簡單，功能單一，且沒有對遺物焚燒時產生的廢氣進行處理，也導致這些設備成爲火化區外部汙染的主要來源之一，因此，在遺物焚燒爐或焚燒室上安裝專門的廢氣處理裝置，是解決其汙染的有效方法，如在焚燒爐煙道上安裝布袋式過濾器等方法。

生命關懷事業叢書

遺體火化概論與實務

作　　者／盧軍、邱達能
出 版 者／揚智文化事業股份有限公司
發 行 人／葉忠賢
總 編 輯／閻富萍
地　　址／新北市深坑區北深路三段 260 號 8 樓
電　　話／02-8662-6826
傳　　真／02-2664-7633
網　　址／http://www.ycrc.com.tw
E-mail／service@ycrc.com.tw
ISBN／978-986-298-280-8
初版一刷／2018 年 5 月
定　　價／新台幣 380 元

國家圖書館出版品預行編目（CIP）資料

遺體火化概論與實務 / 盧軍, 邱達能著. --
初版. -- 新北市 : 揚智文化, 2018.05
面； 公分. --（生命關懷事業叢書）

ISBN 978-986-298-280-8（平裝）

1.殯葬業 2.火葬

489.66 106024321